essentials

essentials liefern aktuelles Wissen in konzentrierter Form. Die Essenz dessen, worauf es als „State-of-the-Art" in der gegenwärtigen Fachdiskussion oder in der Praxis ankommt. *essentials* informieren schnell, unkompliziert und verständlich

- als Einführung in ein aktuelles Thema aus Ihrem Fachgebiet
- als Einstieg in ein für Sie noch unbekanntes Themenfeld
- als Einblick, um zum Thema mitreden zu können

Die Bücher in elektronischer und gedruckter Form bringen das Expertenwissen von Springer-Fachautoren kompakt zur Darstellung. Sie sind besonders für die Nutzung als eBook auf Tablet-PCs, eBook-Readern und Smartphones geeignet. *essentials:* Wissensbausteine aus den Wirtschafts-, Sozial- und Geisteswissenschaften, aus Technik und Naturwissenschaften sowie aus Medizin, Psychologie und Gesundheitsberufen. Von renommierten Autoren aller Springer-Verlagsmarken.

Weitere Bände in dieser Reihe http://www.springer.com/series/13088

Dominik Walcher · Michael Leube

Kreislaufwirtschaft in Design und Produktmanagement

Co-Creation im Zentrum der zirkulären Wertschöpfung

Dominik Walcher
Fachhochschule Salzburg
Salzburg, Österreich

Michael Leube
Fachhochschule Salzburg
Salzburg, Österreich

ISSN 2197-6708　　　　　　　　ISSN 2197-6716　(electronic)
essentials
ISBN 978-3-658-18511-4　　　　ISBN 978-3-658-18512-1　(eBook)
DOI 10.1007/978-3-658-18512-1

Die Deutsche Nationalbibliothek verzeichnet diese Publikation in der Deutschen Nationalbibliografie; detaillierte bibliografische Daten sind im Internet über http://dnb.d-nb.de abrufbar.

Springer Gabler
© Springer Fachmedien Wiesbaden GmbH 2017
Das Werk einschließlich aller seiner Teile ist urheberrechtlich geschützt. Jede Verwertung, die nicht ausdrücklich vom Urheberrechtsgesetz zugelassen ist, bedarf der vorherigen Zustimmung des Verlags. Das gilt insbesondere für Vervielfältigungen, Bearbeitungen, Übersetzungen, Mikroverfilmungen und die Einspeicherung und Verarbeitung in elektronischen Systemen.
Die Wiedergabe von Gebrauchsnamen, Handelsnamen, Warenbezeichnungen usw. in diesem Werk berechtigt auch ohne besondere Kennzeichnung nicht zu der Annahme, dass solche Namen im Sinne der Warenzeichen- und Markenschutz-Gesetzgebung als frei zu betrachten wären und daher von jedermann benutzt werden dürften.
Der Verlag, die Autoren und die Herausgeber gehen davon aus, dass die Angaben und Informationen in diesem Werk zum Zeitpunkt der Veröffentlichung vollständig und korrekt sind. Weder der Verlag noch die Autoren oder die Herausgeber übernehmen, ausdrücklich oder implizit, Gewähr für den Inhalt des Werkes, etwaige Fehler oder Äußerungen. Der Verlag bleibt im Hinblick auf geografische Zuordnungen und Gebietsbezeichnungen in veröffentlichten Karten und Institutionsadressen neutral.

Springer Gabler ist Teil von Springer Nature
Die eingetragene Gesellschaft ist Springer Fachmedien Wiesbaden GmbH
Die Anschrift der Gesellschaft ist: Abraham-Lincoln-Str. 46, 65189 Wiesbaden, Germany

Was Sie in diesem *essential* finden können

- Darstellung der Grundlagen der Kreislaufwirtschaft
- Aufzeigen von Gestaltungsfeldern in Design und Produktmanagement
- Betonung von Co-Creation, Open Innovation und Collaborative Consumption für eine erfolgreiche Umsetzung der Kreislaufwirtschaft
- Erklärung von relevanten Design- und Managementprinzipien mit Konkretisierung von auf Nachhaltigkeit basierenden Geschäftsmodellen

Vorwort

Technologischer Wandel ist allgegenwärtig, wodurch die Lebensqualität der Menschen gesteigert wird. Klimawandel, Ressourcenverbrauch und Reduktion der Artenvielfalt sind Folgen des Fortschritts und haben mittlerweile ein Ausmaß erreicht, dass Maßnahmen ergriffen werden müssen, um existenzielle Krisen zu vermeiden. Unter verschiedenen Lösungsansätzen, wie beispielsweise Wachstumsrücknahme, erscheint der Umbau der gegenwärtigen Linearwirtschaft in eine Kreislaufwirtschaft am machbarsten, da die Gesellschaft durch „intelligenten Konsum" nicht auf gewonnene Lebensqualität verzichten muss. Die Europäische Union ist dabei, die Weichen für den Umbau unserer Wirtschaft zu stellen, erste konkrete Verordnungen stehen unmittelbar bevor. Neben positiven ökologischen Aspekten werden besonders die ökonomischen Vorteile (z. B. Schaffung neuer Arbeitsplätze) einer Kreislaufwirtschaft hervorgehoben. Entwickler, Planer und Entscheider, wie Manager, Ingenieure und Designer, spielen beim anstehenden Umbau eine zentrale Rolle.

Befragt man Verantwortliche aus der Praxis wie auch Auszubildende an (Hoch-)Schulen nach ihrem Informationsstand bezüglich der anstehenden Veränderungen, so ist das Ergebnis leider sehr ernüchternd. Ziel dieses *essentials* ist es, die Grundlagen der Kreislaufwirtschaft sowie Gestaltungsfelder für eine erfolgreiche Umsetzung in möglichst kompakter Form darzustellen. Neben dem Schließen der Wertschöpfungskette, beispielsweise durch Rückführung der Stoffströme (vgl. Recycling), wird das Öffnen der Wertschöpfungskette, beispielsweise durch Integration von Nutzern in die Produktentwicklung (vgl. Open Innovation) oder gemeinsame Nutzung von Vorhandenem (vgl. Sharing Economy), als zentraler Faktor einer erfolgreichen Umsetzung der Kreislaufwirtschaft gesehen. Co-Creation steht somit im Zentrum der zirkulären Wertschöpfung.[1]

---

[1] Teile dieses Artikels sind in stark gekürzter Form erschienen als: Walcher, D./Leube, M. (2017): Kreislaufwirtschaft durch Co-Creation, in: Rumler, A./Stumpf, M. (Hrsg.): Kundenintegration und Customer Empowerment; Praxis Wissen Marketing/German Journal of Marketing – Periodikum der Arbeitsgemeinschaft für Marketing, Berlin/Frankfurt am Main.

Inhaltsverzeichnis

1	**Einleitung**	1
1.1	Postwachstumsgesellschaft und Kreislaufwirtschaft	2
1.2	Partizipationsgesellschaft und Co-Creation	5
2	**Zirkuläre Wertschöpfung**	7
2.1	Produktion	7
2.1.1	Entwicklung: Aufgaben des Anbieters	8
2.1.2	Entwicklung: Möglichkeiten des Kunden	11
2.1.3	Herstellung	15
2.1.4	Vertrieb	17
2.2	Nutzung	17
2.2.1	Kauf	18
2.2.2	Verwendung	19
2.2.3	Nutzungsende	21
2.3	Zirkulation	22
2.4	Geschäftsmodelle	25
2.4.1	Grundlegende Geschäftsmodelle der Kreislaufwirtschaft	25
2.4.2	Strukturierung von Geschäftsmodellen aus der Praxis	26
3	**Gestaltungsfelder**	31
	Literatur	35

Über die Autoren

Dominik Walcher studierte Architektur an der Universität Stuttgart sowie Management an der Technischen Universität München und der University of California, Berkeley. Seine Dissertation über Open Innovation wurde mehrfach ausgezeichnet. Seit 2006 leitet er den Fachbereich Innovationsmanagement sowie das DE│RE│SA Center für Co-Creation am Studiengang Design und Produktmanagement der FH Salzburg. Seit 2010 ist er Research Associate am MIT. Er lehrt an mehreren Hochschulen in Europa und ist Mitgründer eines Start-ups für öko-intelligente Produkte.

Michael Leube absolvierte sein Studium der Anthropologie an den Universitäten Wien und University of California, Berkeley. Seit 2012 ist er Fachbereichsleiter für wissenschaftliches Arbeiten im Studiengang Design und Produktmanagement an der FH Salzburg und Leiter des Kompetenzcenters „Humanitarian Design" am Forschungsinstitut DE│RE│SA. Er unterrichtet Anthropologie, Soziologie, Demografie, International Relations sowie Cultural Studies an verschiedenen Universitäten in Spanien, USA und Österreich.

DE│RE│SA (Design Research Salzburg) ist das Forschungsinstitut des Studiengangs Design und Produktmanagement der Fachhochschule Salzburg und Ausrichter der größten deutschsprachigen Konferenz zum Thema „Circular Design – Gestaltung der Kreislaufwirtschaft" im Herbst 2015: www.deresa.org.

Einleitung 1

▶ Der Umbau der gegenwärtigen Linearwirtschaft in eine Kreislaufwirtschaft ist Gegenstand des Aktionsplans der Europäischen Kommission, um einerseits Umweltbelastung und Ressourcenverbrauch zu minimieren sowie andererseits die Wirtschaft neu zu positionieren und wettbewerbsfähiger zu machen. Stoffströme werden einerseits geschlossen, unternehmerische Wertschöpfungsprozesse für Interaktionen mit Kunden andererseits geöffnet. Ziel des essentials ist es, die Bedeutung von **Co-Creation** zur Ausgestaltung von Wertschöpfungsprozessen und Geschäftsmodellen für eine erfolgreiche Umsetzung der Kreislaufwirtschaft darzustellen.

Das bestehende Wirtschaftssystem basiert auf dem konventionellen Muster, dass Unternehmen Güter produzieren und an Kunden verkaufen, die diese nutzen und schließlich entsorgen (Kortmann und Piller 2016). Dieses klassische Modell wird gegenwärtig von zwei sozioökonomischen Entwicklungen grundlegend infrage gestellt, was einerseits eine Gefährdung der Unternehmung, andererseits die Möglichkeit zur Neudefinierung mit sich bringt. Zeitgemäße Unternehmen übernehmen immer mehr Verantwortung, um sozialen, ökologischen und wirtschaftlichen Anforderungen gleichermaßen nachzukommen, mit dem Ziel, eine nachhaltige Entwicklung voranzutreiben und somit die Lebensgrundlage künftiger Generationen sicherzustellen. Die Anforderungen auf Anbieter und Kundenseite, wie auch die Möglichkeiten zur kollaborativen Wertschöpfung (=Co-Creation), sind einem Wandel unterzogen.

1.1 Postwachstumsgesellschaft und Kreislaufwirtschaft

Klimawandel, Ressourcenverbrauch und Reduktion der Artenvielfalt stehen in direktem Zusammenhang mit derzeitigen Produktionsmethoden (Grunwald und Kopfmüller 2012). Die erste Veränderung basiert auf dem wachsenden ökologischen Bewusstsein der Bevölkerung und dem damit verbundenen gesteigerten Bedarf nach nachhaltigen Produkten, was Unternehmen zwingt „to take responsibility for the entire lives of their products" (Kleindorfer et al. 2005, S. 487). Durch steigende Lebenszyklus- und Umweltmanagementorientierung werden zunehmend Produktion und Geschäftsmodellentwicklung nach Gesichtspunkten der Material- und Energieeffizienz optimiert (Hansen und Schmitt 2016). Unter verschiedenen Ansätzen, umweltverträgliches Wachstum bzw. Postwachstum zu organisieren, wie beispielsweise dem Suffizienz-Ansatz, der Forderungen nach möglichst geringem Rohstoff- und Energieverbrauch sowie Selbstbegrenzung und Konsumverzicht umfasst, erscheint die Transformation des linearen **„Take, Make, Waste"**-Wirtschaftssystems in eine Kreislaufwirtschaft (=Konsistenz-Ansatz mit Vereinbarkeit von Natur und Technik) als einzig verbliebene Möglichkeit, um den Menschen ein nachhaltiges und dabei qualitätsvolles Leben dauerhaft zu ermöglichen (www.ellenmacarthurfoundation.org). Wachstumsrücknahme und Nullwachstum steht in den Augen von Kritikern immer mit Einschränkung und Verzicht in Verbindung, was nicht dem Wesen des Menschen entspräche und somit einen falschen Weg darstelle (Braungart und McDonough 2014). Vielmehr muss auf selektives und qualitatives Wachstum konzentriert werden (Eppler 2011). Durch Kreislaufsysteme nach Vorbild der Natur sowie durch intelligente Produktion, Nutzung und Zirkulation können die Ressourcen der Erde erhalten und ein Leben geprägt von verschwenderischem und lustvollem Konsum ermöglicht werden (Braungart und McDonough 2014).

Ziel ist, Ressourcen zu schonen und das Wirtschaftswachstum zu fördern (www.europa.eu). Bereits in den 1970er-Jahren wurden Ansätze zum Aufbau von geschlossenen Wirtschaftskreisläufen angedacht (Margulis und Schwartz 1989; Naess 2013). Recycling, als erster Schritt zur Schließung von Stoffkreisläufen, wurde 1996 in das Kreislaufwirtschaft- und Abfallgesetz aufgenommen (Schultmann 2003). Das lineare Wirtschaftsmodell, das wertvolle Ressourcen laufend entsorgt und kontinuierlich auf neue, immer schwerer zu gewinnende Rohstoffe angewiesen ist, steht in der Kritik, da es nicht in der Lage ist, den zukünftigen Bedürfnissen der globalen Welt gerecht zu werden. Unternehmen sollen bis 2025 über 55 % der eingesetzten Materialien wiederverwerten (www.europa.eu). Durch geschlossene Kreisläufe nach dem Vorbild der Natur soll eingesetztes Kapital immer im Ausgangswert erhalten bleiben. In letzter Konsequenz wird die Entstehung von Abfall vermieden (www.ellenmacarthurfoundation.org).

▶ Die **Kreislaufwirtschaft** (=Circular Economy) ist Gegenstand des gegenwärtigen Aktionsplans der Europäischen Kommission. 2015 wurde ein Maßnahmenpaket verabschiedet, den Übergang in das neue Wirtschaftssystem anzustoßen.

Die Nutzung bereits verfügbarer Rohstoffe und Materialien in geschlossenen Material- und Stoffkreisläufen ist für Unternehmen auch von ökonomischer Relevanz. Die Unternehmensberatung McKinsey zeigt in einer Studie den ökonomischen Mehrwert einer Kreislaufwirtschaft für Europa:

> Die Umstellung von einer Linear- zu einer Kreislaufwirtschaft ist nicht einfach nur die richtige Entscheidung für unsere Umwelt; es ist auch für Europa ein intelligenter Schritt (EU-Kommissar Timmermans, in: Stuchney 2016, S. 1).

Unternehmen, die sich auf die Rückgewinnung ihrer Produkte und Materialien spezialisieren, benötigen geringere Rohstoffmengen, sind unabhängiger und somit wettbewerbsfähiger.

Die Rückführung von Produkten und Materialien zur Wiederverwendung wirkt sich zudem reduzierend auf die Abfallmenge aus. Die Kreislauforientierung erfordert eine stärkere Fokussierung auf Dienstleistungen für Wartung, Reparatur, Wiederaufbereitung und Recycling, deren Verrichtung überwiegend regional stattfindet (Pauly und Traufetter 2016). Die Kreislaufwirtschaft verspricht die Abkehr von einer energieintensiven, umweltbelastenden und Primärressourcen abbauenden Produktion hin zu einer ökologischen, serviceintensiven und regionalen Wertschöpfung (Hansen und Schmitt 2016).

▶ In Deutschland könnten bis 2030 durch das Wirtschaftsmodell der „Circular Economy" die Ausgaben der Konsumenten für Mobilität, Wohnen und Lebensmittel um 25 % sinken, bei einer Steigerung des Wirtschaftswachstums um 0,3 % und einer CO_2-Ausstoßreduktion um 50 %. Die Einsparungspotenziale von Unternehmen in der EU würden sich bis 2030 auf fast 500 Mrd. € belaufen (Pauly und Traufetter 2016).

Das Prinzip einer linearen Wirtschaft besteht grundsätzlich aus den Stufen 1) Rohstoffe, 2) Produktion, mit den Phasen Entwicklung, Herstellung und Vertrieb,

3) Nutzung, mit den Phasen Kauf, Verwendung und Nutzungsende sowie der finalen 4) Entsorgung durch Deponierung oder Verbrennung (Kortmann und Piller 2016). Umgangssprachlich wird das Linearmodel als **Wegwerfgesellschaft** oder **Cradle-to-Grave** (=von der Wiege zum Grab) Verfahren bezeichnet. Beim Kreislaufmodell hingegen werden die Stoffströme geschlossen. Die Phase „Entsorgung" wird durch „Zirkulation" ersetzt, wobei zwischen großen und kleinen Kreisläufen unterschieden werden kann. Die großen Kreisläufe bestehen aus biologischem und technischem Zirkel. Im technischen Bereich finden sich mehrere kleine Kreisläufe, die auf Verlängerung, Umverteilung und Aufarbeitung basieren (Braungart und McDonough 2014). In Abb. 1.1 ist das Grundprinzip von Linear- und Kreislaufwirtschaft dargestellt.

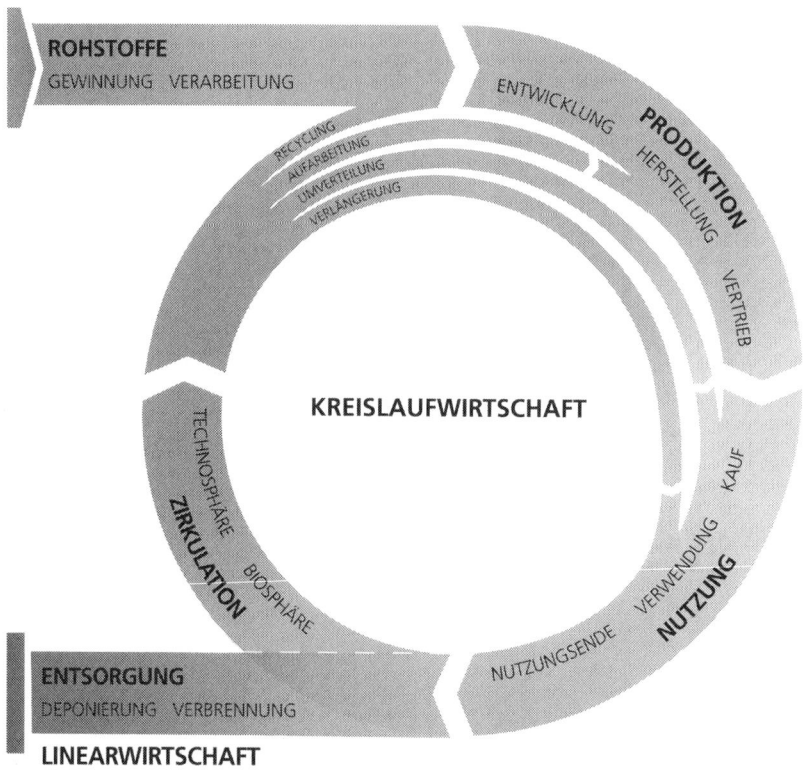

Abb. 1.1 Linear- und Kreislaufwirtschaft

1.2 Partizipationsgesellschaft und Co-Creation

Die zweite Veränderung basiert auf den durch neue Online- und Mobil-Technologien gesteigerten Möglichkeiten und der erhöhten Bereitschaft von Individuen und Institutionen (=privaten Unternehmen und öffentliche Einrichtungen) zur Zusammenarbeit, was als **Co-Creation** bezeichnet wird (Ihl und Piller 2010). Die Geschäftsmodelle immer mehr Firmen basieren auf interaktiven Wertschöpfungsprozessen, wie beispielsweise die Einbeziehung externer Partner in den Produktentwicklungsprozess (Reichwald und Piller 2009). Die ursprüngliche Bedeutung von **Cooperative-Creation** ist jedoch nicht auf eine Unternehmen-Kunden-Beziehung beschränkt, sondern umfasst jegliche Zusammenarbeit mindestens zweier Akteure, wie beispielsweise Individuen und Institutionen, um gemeinsam einen Nutzen für beide Parteien zu schaffen (Prahalad und Ramaswamy 2004).

Durch moderne Informations- und Kommunikationstechnologie (IuK) wird die Öffnung individueller und institutioneller Grenzen ermöglicht. Die Bereitschaft der Teilnahme lässt sich aber nur zum Teil durch gemeinnütziges Streben nach sozialen und ökologischen Zielen, sondern vielmehr durch Steigerung des Eigennutzens erklären (Hardin 1968). Werden persönlich Anreize vernachlässigt, droht die **Freerider-Problematik**.

> **Freerider-Problematik** Eine Person, die größeren Aufwand (z. B. Kosten für ökologische Produkte) zur Erhaltung der Natur auf sich nimmt, empfindet früher oder später das Gefühl der Ungerechtigkeit, zahlt sie ja für eine Leistung, von der alle ohne höhere Individualkosten profitieren (Lonzano 2007).

Die moderne Partizipationsgesellschaft kann und will zusammenarbeiten (Reichwald und Piller 2009). Nachhaltigkeit ist dabei mehr als eine gesellschaftliche Anforderung oder eine philanthropische Erwägung, sondern vielmehr Möglichkeit der Nutzensteigerung. Individuen können funktionalen (z. B. Energieeinsparung durch Wärmedämmung), emotionalen (z. B. „gutes Gefühl" den Müll getrennt zu haben) sowie sozialen (z. B. Anerkennung von der Nachbarin wegen des sparsamen Autos) Nutzen aus ihrem Engagement für die Umwelt ziehen (Walcher et al. 2010). Für etablierte Unternehmen und Gründer ist Nachhaltigkeit in zunehmendem Maße der Kern des Geschäftsmodells und die Grundlage der Existenzsicherung (Ahrend 2016).

Das Co-Creation-Modell umfasst sowohl die Einzelaktivitäten der verschiedenen Akteure, wie im Besonderen auch die gemeinsamen Kooperationsaktivitäten, Tätigkeiten, die insgesamt für die erfolgreiche Umsetzung einer Kreislaufwirtschaft von zentraler Rolle sind. Es findet sich ein Wandel sowohl bei Unternehmensaufgaben, beispielweise die Neuorganisation des Designprozesses mit Integration von Nutzern, wie auch beim Nutzungsverhalten der Kunden, wie beispielweise das Teilen von Angeboten mit anderen, und schließlich die Entwicklung neuer, auf Nachhaltigkeit beruhender Geschäftsmodelle. Abb. 1.2 zeigt die Co-Creation-Systematik.

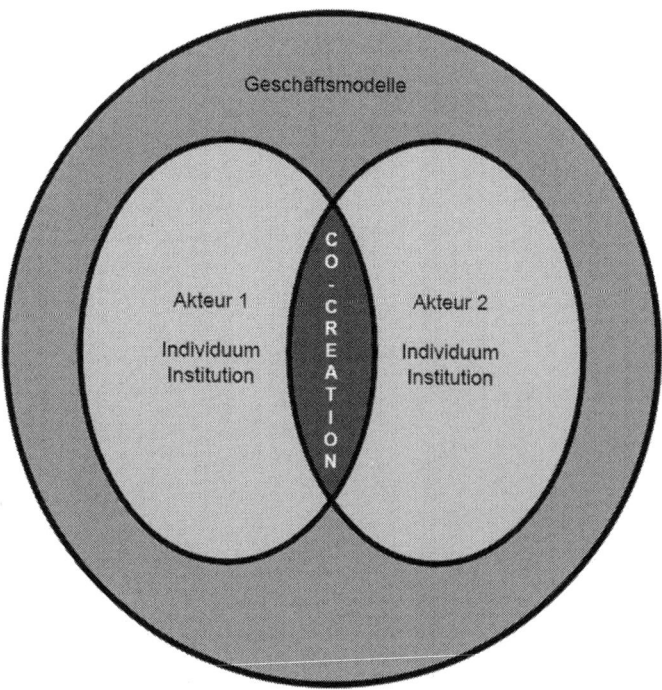

Abb. 1.2 Co-Creation-Systematik

Zirkuläre Wertschöpfung 2

Ursprünglich war menschliches Wirtschaften ausschließlich als Kreislaufsystem angelegt. Die Produktionsenergie entstammte menschlicher oder tierischer Muskelkraft, Produktabfälle und Produktionsrückstände wurden in den biologischen Kreislauf zurückgeführt (Lauk 2005). Das Konzept der (neuen) Kreislaufwirtschaft wurde in den 1990er-Jahren eingeführt. In dieser Zeit liegen auch die Anfänge der Cradle-to-Cradle-Bewegung (=von der Wiege zur Wiege) (Braungart und McDonough 2014). In den letzten Jahren wurde die Notwendigkeit für eine Kreislaufwirtschaft durch die Aktivitäten der Ellen-MacArthur-Stiftung bekannt gemacht (www.ellenmacarthurfoundation.org) und bekam besonderes Gewicht durch die Beschlüsse zur Ausrichtung der europäischen Kommission auf dieses Konzept. Prinzipiell wird zirkuläre Wertschöpfung im grundlegenden Geschäftsmodell eines Unternehmens angelegt und in den Bereichen Produktion, Nutzung und Zirkulation ausgestaltet. Im Folgenden sollen diese Gestaltungsfelder näher betrachtet werden.

2.1 Produktion

Im Wertschöpfungsschritt „Produktion", der in die drei Phasen 1) Entwicklung, 2) Herstellung und 3) Vertrieb gegliedert ist, finden sich Veränderungen bei den Aufgaben und Rollen von Anbietern und Nutzern.

2.1.1 Entwicklung: Aufgaben des Anbieters

Das Prinzip der Kreislaufwirtschaft wird durch Darstellung der **Cradle-to-Cradle**-Systematik (C2C) in Abb. 2.1 verdeutlicht. McDonough und Braungart (2014) verorten ihren Ansatz im Bereich der **Ökoeffektivität** in Kontrast zur **Ökoeffizienz**.

▶ **Cradle-to-Cradle-Grundprinzipien** Das erste der drei C2C-Grundprinzipien lautet 1) **Abfall ist Nahrung** und weist auf die Wiederverwertbarkeit aller Stoffe im Kreislauf hin. Tiere und Pflanzen erzeugen in der Natur große Mengen „Abfall", wie Laub oder Gülle, ein Vorgehen, das nicht als wirtschaftlich oder effizient bezeichnet werden kann. Die Stoffe bleiben jedoch im Kreislauf erhalten und können in gleichbleibender Qualität einer neuen Nutzung zugeführt werden. Das Prinzip „Abfall" wird dabei durch intelligentes und ökoeffektives Design eliminiert. Die zwei weiteren Prinzipien sind 2) ausschließlicher **Einsatz erneuerbarer Energien** und 3) **Förderung der Vielfalt**.

Im Kreislauf der Biosphäre zirkulieren Stoffe, die biologisch abbaubar sind und der Natur zurückgeführt werden können ohne Schäden am Menschen oder der Umwelt zu verursachen. Auch die Aufbereitung dieser Bio-Nährstoffe zur Produktion erneuerbarer Energien, beispielsweise in einer Biogasanlage mit Nahwärmesystem, fällt in diesen Bereich. Grundsätzlich ist die Nutzung regenerativer Energien eine Grundvoraussetzung für die Kreislaufwirtschaft. Verbrauchsgüter, wie beispielsweise Zahnpasta, die während ihres Gebrauchs an Substanz verlieren und sich in biologischer, chemischer oder physikalischer Weise verändern, sollen in Konstruktion und Materialwahl für diesen Kreislauf konzipiert sein.

▶ **Kaskadennutzung** **Kaskadennutzung** bedeutet Mehrfachnutzung im Sinne einer möglichst umfassenden Verwertung von Stoffen und Produkten über mehrere Anwendungsstufen hinweg zum Zwecke der Ressourcenschonung und Kostenoptimierung. Holz als biologischer Nährstoff wird zum Beispiel eine Zeit lang in technischen Kreisläufen im **Downcycling** geführt, angefangen von hoch qualitativem Massivholz für den Hausbau über weniger qualitative Span- und Faserplatten zur Dämmung. Die Sägeabfälle aus der Produktion, wie auch das Massivholz am Nutzungsende (=Abriss des Hauses), werden energetisch verwertet (=Verbrennung), wobei die Asche als Dünger für neue Bäume eingesetzt werden kann.

2.1 Produktion

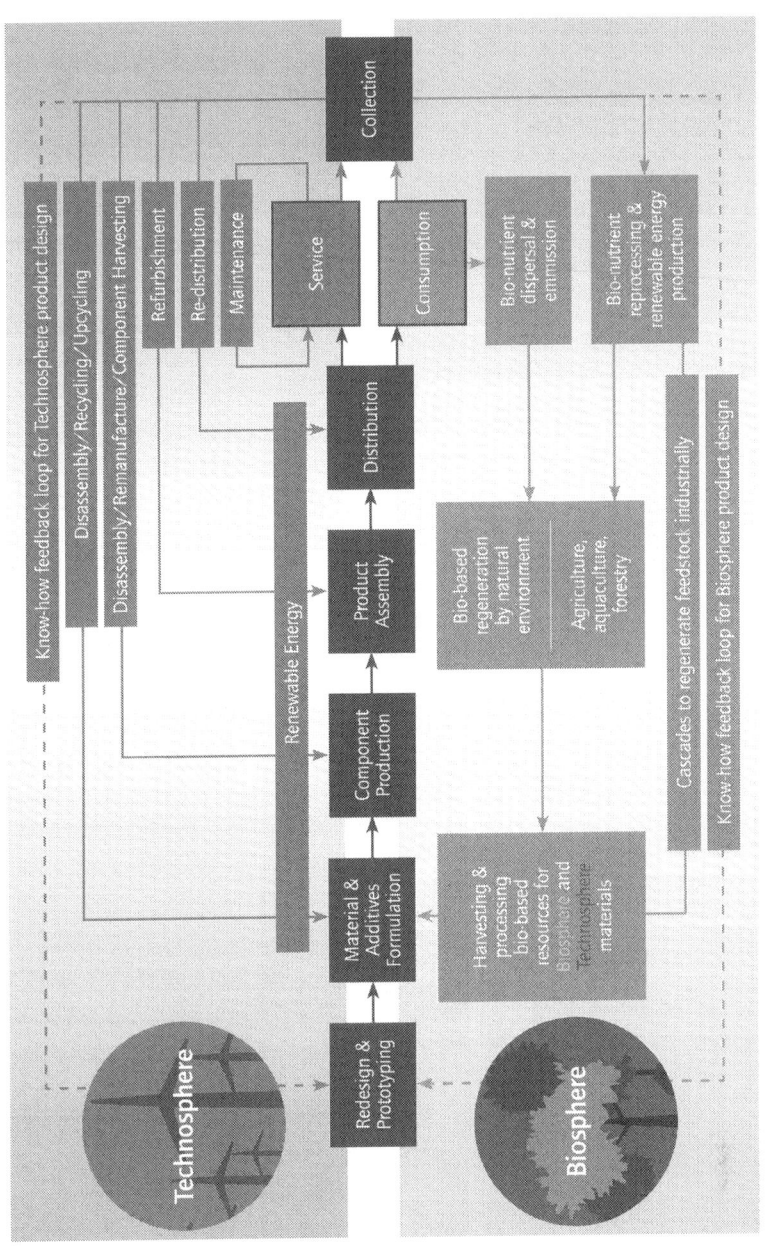

Abb. 2.1 Cradle-to-Cradle-Systematik

Im Zentrum der Kreislaufwirtschaft stehen die technischen Kreisläufe (Hansen und Schmitt 2016). Im Kreislauf der Technosphäre zirkulieren jene Stoffe, die von der Natur nicht ständig neu geschaffen werden, wie beispielsweise Metalle, Kunststoffe oder aus mineralischen Rohstoffen erzeugte Materialien. Gebrauchsgüter, wie beispielsweise Computer, sollen aus diesen **technischen Nährstoffen** hergestellt werden und wertbeständig zirkulieren, beispielsweise durch Komponentenverwertung für die Erzeugung gleichwertiger Produkte oder höher wertiger Produkte (Braungart und McDonough 2014). So kann Kupfer aus alten Stromleitungen gewonnen und in hochtechnischen Geräten der Medizinindustrie „upgecycelt" werden.

Im Cradle-to-Cradle-Designkonzept gibt es verschiedene Stufen der Produktentwicklung bzw. Produktüberarbeitung. Ausgangsbasis aller Schritte ist die Verwendung geeigneter Inhaltsstoffe nach der **ABC-X-Materialklassifikation** mit Negativ- und Positivliste (X = nicht akzeptierbar, da gesundheits- oder umweltschädlich, C = tolerierbar, B = verbesserbar und A = optimal). Beim passiven Redesign (=Produktüberarbeitung) werden in mehreren Stufen gefährliche und unakzeptable Stoffe in einem Produkt durch weniger gefährliche oder gesunde Stoffe aus der Positivliste ersetzt, ohne jedoch das eigentliche Produkt und seine Nutzung zu ändern (Feldbacher 2016). Das Produkt ist nun ökoeffizient, also weniger „schlecht" im Sinne seines Einflusses auf Mensch und Umwelt. Das aktive Redesign beginnt an diesem Punkt mit dem Ziel, ein ökoeffektives Produkt zu gestalten. Das Produkt wird als Verbrauchs- oder Gebrauchsgut definiert, die passenden Materialien werden aus der **Positivliste** gewählt und der Zielkreislauf (biologisch oder technisch) wird festgelegt.

Entwicklern und Designern kommt bei der Gestaltung kreislauffähiger, ökointelligenter Produkte eine besondere Bedeutung zu (Braungart und McDonough 2014). Neben der geeigneten Materialwahl muss auch eine kreislauffähige Konstruktion bedacht werden (Bakker et al. 2014). Grundsätzlich ist Reparierbarkeit sowie Zerlegbarkeit in sortenreine Komponenten, beispielsweise durch modulare Produktarchitektur, zur Rückführung in Zirkulationssysteme oberstes Prinzip (Wilke et al. 1994). Neben der Überarbeitung bestehender Produkte finden sich bei C2C auch Vorgaben zur Neudefinierung (=Redefine) und Neuentwicklung (=Innovation) von Produkten. Unternehmen können sich den Prozess und die Qualität ihrer Produkte zertifizieren lassen (www.c2ccertified.org). Zertifizierte Unternehmen in den Branchen Baustoffe (Wienerberger), Chemie (Werner und Mertz/Erdal) sowie Druck (Gugler-Print) weisen auf die steigende Bedeutung einer Zertifizierung hin (Hansen und Schmitt 2016).

2.1.2 Entwicklung: Möglichkeiten des Kunden

In den letzten Jahren war „Open Innovation", als Öffnung des unternehmerischen Entwicklungsprozesses, Gegenstand umfangreicher Forschung und Umsetzung (Reichwald und Piller 2009). Bereits 2003 beschreibt Chesbrough (S. 20), dass sich die Gesellschaft in einem Umbruch im Umgang mit Innovationen befindet:

> I believe that we are witnessing a „paradigm shift" in how companies commercialize industrial knowledge.

Traditionelle **Closed Innovation** ist davon geprägt, dass alle Stufen des Innovationsprozesses innerhalb der Unternehmensgrenzen erbracht werden. Im Gegensatz zum geschlossenen Innovationsprozess sind die Unternehmensgrenzen bei **Open Innovation** durchlässig, wodurch die Möglichkeit zum Austausch von Unternehmen und Umfeld über die Unternehmensgrenzen hinweg ermöglicht wird (Walcher 2012). Aufbauend auf Möslein (2013) werden im Folgenden die Methoden zur Integration von Kunden in den Entwicklungsprozess vorgestellt.

Methoden der Open Innovation
- Participatory Design
- Innovationswettbewerb
- Innovationstoolkit
- Innovationsmarktplatz
- Innovationscommunity

Participatory Design
Participatory Design bezieht sich auf die gemeinsame Entwicklung von Produkten, Dienstleistungen und Geschäftsmodellen des Anbieters mit relevanten Akteuren, wie beispielsweise Kunden, Mitarbeitern und Partnern, meist durchgeführt in Form von **Gruppenworkshops,** um alle relevanten Bedürfnisse, Anforderungen und Wünsche zu erfassen und zielgruppengerecht umzusetzen. Auch Expertenworkshops, beispielsweise mit **Lead Usern,** sind Teil dieses partizipativen Lösungsfindungsprozesses. Die Übertragung von bewährten Problemlösungsmethoden aus dem Kreativ- auf den Wirtschaftsbereich wird mit **Design Thinking** bezeichnet (Brown 2009). In den letzten Jahren findet die Methode auch zunehmend Verwendung bei der Lösung von Problemen aus dem ökologischen und

sozialen Bereich mit Schwerpunkt auf Prozess- und Serviceinnovationen (Yang und Sung 2016). Der Designer spielt bei dieser Co-Creation-Aktivität eine entscheidende Rolle (Ramaswamy 1996).

Rolle des Designers bei Co-Creation-Aktivitäten
Manzini (2015) reflektiert die Bedeutung des Designers bei diesem Prozess vor dem Hintergrund, dass es heute durch technische Entwicklungen im Grunde jedem möglich ist, „zum Designer zu werden." Kinder machen beispielsweise Fotos mit dem Handy des Vaters, gestalten sie mit einer Gratis-App um und drucken ihre „Designwerke" dann via WLAN auf dem Drucker im Arbeitszimmer aus. Manzini sieht zwei zentrale Rollen, die Designer der Zukunft einnehmen und die auch verstärkt Gegenstand der Ausbildung sein müssen: 1) **Designing with Creative Communities,** was bedeutet, dass der Designer die Co-Creation-Partner im Prozess führen und anleiten muss (=**Guide**). Dies fordert einerseits motivierendes und empathisches Auftreten den (interdisziplinär zusammengestellten) Teilnehmern gegenüber sowie Fachkenntnis im Anwendungsgebiet (z. B. Kreislaufwirtschaft) und strukturiertes Vorgehen durch Methoden des Projektmanagements. 2) **Designing for Creative Communities** im Sinne des Erzeugens von sichtbaren Lösungen durch Skizzen, Zeichnungen, Grafiken, Renderings, Modellen und Prototypen (=**Visualize**), um bei allen Beteiligten und Verantwortlichen ein gemeinsames und gleiches Verständnis (=**Shared Understanding**) des Problems sowie der Lösungsansätze zu erreichen, was schließlich die Bewertungssicherheit und Akzeptanz erhöht (Doll 2009).

Innovationswettbewerb

Die Auslagerung traditionell im Unternehmen innerbetrieblich ausgeführter Aktivitäten, wie beispielsweise die Ideengenerierung und -bewertung für Neuentwicklungen, durch Aufruf (=**Call**) an eine Gruppe freiwilliger Nutzer wird, angelehnt an den Begriff Outsourcing, als **Crowdsourcing** bezeichnet (Howe 2008). In der Praxis haben durch Web 2.0 und Social Software **Innovationswettbewerbe,** bei denen die Allgemeinheit oder eine spezielle Zielgruppe Kreativbeiträge für eine themenspezifische Aufgabenstellung einreicht, die durch Community-Bewertungen für das Unternehmen bereits vorselektiert werden können (Piller und Walcher 2006), in den letzten Jahren große Verwendung gefunden.

Beispiele für Innovationswettbewerbe im Bereich Nachhaltigkeit
Tatsächlich rufen immer mehr private Unternehmen und öffentliche Institutionen zu Innovationswettbewerben zum Thema Nachhaltigkeit auf. „Fairwärts", der Ideenwettbewerb für Nachhaltigkeit und Verantwortung im Tourismus vom Bundesministerium für wirtschaftliche Zusammenarbeit und Entwicklung ist ein Beispiel dafür (www.fairwaerts.de). Eine offene Plattform für Nachhaltigkeit, in deren Zentrum Crowdsourcing-Aktivitäten und Innovationswettbewerbe

stehen, bietet „Innonatives" an, unter dem Leitbild: „We strongly believe that the complex sustainability problems humanity faces today can only be solved by collaboration and creative solutions" (www.innonatives.com).

Innovationstoolkit
Zu **Innovationstoolkits** gehören vom Unternehmen bereit gestellte Konfigurationssysteme, mit deren Hilfe sich Kunden ihre eigenen Produkte online gestalten und zusammenstellen können. Die Produktion der Individualprodukte erfolgt beim Unternehmen durch moderne Fertigungsverfahren mit Serienfertigungseffizienz (Walcher und Piller 2016). Beliebte Beispiele dieser kundenindividuellen Massenfertigung (=**Mass Customization**) sind bedruckte T-Shirts und Fotobücher (Walcher und Piller 2012). Die **Konfigurationssysteme** können als einfach handzuhabende **Basic Toolkits** verstanden werden, die es Kunden erlauben innerhalb eines vom Unternehmen vorgegebenen „Lösungsraums" Varianten zu gestalten. In der Produktentwicklung finden sich aber auch **Expert Toolkits**, für deren Handhabung höhere Lernkosten anfallen, mit deren Hilfe aber „echte" Neuentwicklungen möglich sind.

Unterstützung des Gestaltungsprozesses durch ein Toolkit
Bei der Entwicklung eines neuen Handys greift der Designer beispielsweise mithilfe eines Toolkits im Trial-and-Error-Verfahren auf bestehende Bauteile und Komponenten zurück, gestaltet selbst neue Module und wird vom System bei der Anpassung des „technischen Innenlebens" (z. B. Form und Bestückung der Platinen) automatisch unterstützt. Schlussendlich wird die Kreation in die „Sprache" der umsetzenden Ingenieure übersetzt und konkrete Spezifikationen ausgegeben (Hippel und Katz 2002).

Neben zunehmender Forschung im Bereich Innovationstoolkits und Nachhaltigkeit (Boër et al. 2013) bieten auch immer mehr Mass-Customization-Anbieter nachhaltige Produkte und Komponenten an, wie beispielsweise das Leipziger Unternehmen „Spreadshirt", das T-Shirts aus ökologischer Herstellung bestehend aus 100 % Baumwolle sowie Schultertaschen aus Recycling-Material im Angebot hat (www.spreadshirt.de).

Innovationsmarktplatz
Unternehmen haben zur Erreichung von Nutzern mit Expertenwissen zudem die Möglichkeit professionelle Betreiber von **Innovationsmarktplätzen** einzusetzen (Reichwald und Piller 2009). Unternehmen investieren oft große Summen in die Lösung technischer Probleme. Intermediäre, wie beispielsweise das Unternehmen „Innocentive", betreiben eine geschlossene Community-Plattform, auf der ein große Anzahl von Wissenschaftlern weltweit registriert ist, die für die Lösung von

Fragestellungen vom Unternehmen eine finanzielle Prämie bekommen (www.innocentive.com). Entwickler in Unternehmen sind meist Spezialisten und auf das Fachgebiet, in dem sie sich sehr genau auskennen, festgelegt (=**Functional Fixedness**). Sie suchen in den ihnen vertrauten Gebieten (=**Local Search Bias**), obgleich die Problemlösung eventuell in einem anderen Gebiet (=**Analoger Markt**) von anderen Fachexperten schon lange gelöst ist.

Beispiel zur Verdeutlichung der Funktion eines Innovationsmarktplatzes
Ein Chemieunternehmen in Deutschland suchte jahrelang nach einem kostengünstigen Klebstoff für Hobbybootbesitzer, der für kleinere Reparaturen unter Wasser abbindet – ein sehr großer Markt. Es wurden umfassende und kostenintensive Expertisen über alle Bereiche von Klebeverbindungen ohne befriedigende Lösung gesammelt. Auf die Ausschreibung auf einem Innovationsmarktplatz meldete sich innerhalb von wenigen Stunden eine Kristallografie-Expertin aus Australien, die in ihrer Doktorarbeit das Aushärten von Kristallen unter Wasser untersucht hat. Ihre Ergebnisse, die sie schon seit Jahren in ihrem Bereich veröffentlicht hatte, konnten mit wenig Aufwand für die Entwicklung neuer Klebstoffe angewandt werden. Die Expertin bekam eine Prämie von umgerechnet 30.000 €. Ohne „Knowledge Broker" und internationalen Innovationsmarktplatz wäre das Chemieunternehmen wohl nie auf diesen Wissenschaftsbereich und diese Expertin gekommen oder nur zu unvergleichbar höheren Kosten.

Analysiert man „Innocentive" so findet man zahlreiche in den letzten Jahren durchgeführten Öko- und Sozialinnovationsprojekte zu Themen, wie Ernährung, Landwirtschaft und CleanTech, mit Aufgaben, wie „Harvesting the Energy in Buildings", „Nutrient Recycling Challenge" oder „Recycling Liquid Petroleum Gas Cylinders".

Innovationscommunitiy
In Innovationscommunities findet sich nicht nur verbale Kommunikation zwischen den Teilnehmern, sondern es werden zur Lösung einer konkreten Problemstellung im Produktbereich auch Skizzen, Renderings, Modell-Fotos und Erklärungsvideos bzw. Programmcodes im Softwarebereich ausgetauscht (Fichter 2009). Gerade im **Open-Source**-Bereich sind „Communities-of-Creation" und „Communities-of-Practice" die zentrale Organisationsform zur Innovationsgenerierung (Sawhney und Prandelli 2000).

2.1 Produktion

Open Innovation/Open Source Motive
Bekannt ist die Entwicklung des offenen Betriebssystems „Linux" durch eine internationale Community (Lee und Cole 2003), deren Mitglieder sich nicht aus 1) monetärem Interessen zusammenfanden, sondern eine 2) intellektuelle Herausforderung suchten, ihre 3) Fähigkeiten zu verbessern, sich mit der 4) Idee, den proprietären Systemen von Microsoft und Apple eine offene, nutzerorientierte Lösung gegenüberzustellen, identifizieren konnten, 5) Spaß am Programmieren (ohne betriebliche Vorgaben) und am 6) Austausch mit Gleichgearteten hatten sowie sich in der „Szene" einen 7) Namen machen wollten, um zukünftige 8) Arbeit- und Auftraggeber auf sich aufmerksam zu machen. Viele Community-Mitglieder haben von der Gemeinschaft auch schon einmal wertvolle Hilfe erhalten und fühlen sich nun aus Gründen der 9) „Reziprozität" verpflichtet, etwas zurück zu geben (Boudreau und Lakhani 2009).

Im Produktbereich ist die Entwicklung des Geländefahrzeugs „Rally Fighter" des Unternehmens „Local Motors" zu nennen. Das Fahrzeug wurde mithilfe einer Innovationscommunity mit mehreren tausend Mitgliedern, darunter eine Großzahl Designer und Ingenieure, entwickelt und auf den Markt gebracht (Busarovs 2013). Das „Sustainable Development Solutions Network" der Vereinten Nationen ist ein internationales Netzwerk zur Erarbeitung von lokalen, nationalen und globalen Lösungen im Bereich der nachhaltigen Entwicklung, wobei umfangreiche Werkzeuge den Mitgliedern als Open-Source-Tools zur Verfügung stehen (www.ssg.coop). Das „Open Source Ecology" Netzwerk ist eine „E-Collaboration-Community" von Landwirten, Ingenieuren und Unterstützern, die ein „offenes" Baukastensystem zum einfachen und preiswerten Zusammenbau von 50 verschiedenen Landmaschinen (z. B. Traktor, Erntemaschine etc.) entwickelt hat, die benötigt werden, um in Entwicklungsländern Menschen ein qualitätsvolleres Leben zu ermöglichen (opensourceecology.org).

2.1.3 Herstellung

Die Herstellung von Produkten findet klassischerweise beim Anbieter statt. **Cleantech** (=saubere Technologien) umfasst Produkte, Prozesse oder Dienstleistungen, die Effizienz steigernd und gleichzeitig Kosten, Emissionen und Ressourcenverbrauch reduzierend sind (Bannasch et al. 2013). Der Begriff Cleantech wird in Bereichen wie erneuerbare Energien, Gebäude, Mobilität, Wasser, Landwirtschaft und Recycling verwendet. Darüber hinaus ist **CleanTech-Investment** ein sich stetig entwickelnder Bereich (Pernick und Wilder 2007). Weitere bedeutende

Innovationen sind durch die Zunahme von „Smart Products" (=**Internet der Dinge**) sowie durch die Entwicklung von Produktionsanlagen mit intelligenten und digital vernetzten Systemen durch moderne Informations- und Kommunikationstechnologie (=**Industrie 4.0**) zu erwarten (Kagermann et al. 2011).

Auf der anderen Seite werden Nutzer durch Innovationstechnologien zur **Personal Fabrication** befähigt und können Produkte selbst herstellen (Möslein 2013). Von Hippel (2005) prägte im Kontext von Nutzerinnovationen den Begriff „Demokratisierung von Innovation", der beschreibt, dass Nutzer – unabhängig von Unternehmen – zunehmend in der Lage sind, Neuentwicklungen selbst zu entwerfen, zu produzieren und zu nutzen. Der Nutzer wird zum Innovator, was die Grundlage der **Maker-Economy** darstellt (Anderson 2013). Neben einer Vielzahl an teilweise frei zugänglichen und kostenfreien Objektdatenbanken und Designtools, erlebten Hardware-Technologien, wie 3-D-Drucker oder Lasercutter, in den letzten Jahren durch technologische Verbesserungen und Kostenoptimierungen eine weite Verbreitung und werden mittlerweile zu Preisen angeboten, die auch für Privatpersonen kein substanzielles Anschaffungshindernis mehr darstellen (Gibson et al. 2010). Bei 3-D-Druckern (=**Additive Manufacturing**) finden sich gegenwärtig große Entwicklungen bei Oberflächenqualität, Reproduzierbarkeit und Druckmaterial (Berman 2012).

Aktuelle Entwicklungen im Bereich 3-D-Druck
Für den Umweltaspekt relevant sind die zwei Entwicklungen 1) Gewinnung von 3-D-Druckmaterial (=Filament) durch Plastikabfallverwertung (z. B. www.perpetualplasticproject.com; plasticbank.org) und 2) Herstellung biologisch abbaubarer und kompostierbarer Filamente für Verbrauchsgüter (z. B. www.3dfuel.com; bioinspiration.eu). Ähnlich wie bei der Markteinführung von Faxgeräten, Druckern und Scannern beschränkt sich eine Individualanschaffung im Moment überwiegend auf Earlyadopters. Die breite Masse hat Zugang zu Innovationstechnologien über spezialisierte Dienstleister, wie beispielsweise FabLabs oder TechShops, deren Grundsatz eine leichte und umfassende Zugänglichkeit für die Allgemeinheit ist (LeRoux 2015). In den letzten Jahren hat sich eine Vielzahl an 3-D-Objekt- und Open-Design-Anbietern (z. B. ponoko.com; thingiverse.com; i.materialise.com) entwickelt. Im Umfeld dieser Entwicklungen finden sich viele verschiedene Anwendungsszenarien. Es gibt beispielsweise 3-D-Objekt-Anbieter, bei denen Standardprodukte, z. B. Schmuck, direkt bestellt oder mithilfe eines auf der Website vom Unternehmen bereitgestellten Online-Konfigurators spezifisch angepasst werden können. Auch ist es möglich, den Schmuck mithilfe einer im Internet frei zugänglichen Designsoftware vollständig selbst zu designen und im nahe gelegenen FabLab produzieren zu lassen oder den Auftrag online an einen auf 3D-Druck spezialisierten Anbieter weltweit zu versenden. Darüber hinaus kann das (von einem anderen Designer erzeugte) 3-D-Modell eines Schmuckstücks von einer Online-Datenbank heruntergeladen und entweder direkt übernommen oder wiederum individuell verändert und zu Hause mit dem eigenen 3-D-Drucker gefertigt werden. Diese **Open-Design**-Systeme stellen **Peer-to-Peer**-Plattformen dar, auf die ebenfalls eigene Dateien geuploadet werden können.

2.1.4 Vertrieb

Im Customization-Bereich, zu dem auch die 3-D-Maker-Economy gehört, gibt es zunehmend Anbieter von **Social-Commerce**-Lösungen (Walcher und Piller 2016). Bei Zazzle können Nutzer Produkte, wie Tassen, T-Shirts und Sportartikel, selbst designen und über einen vom Unternehmen zur Verfügung gestellten Web-Shop an andere Kunden verkaufen (zazzle.com). Produktion und Vertrieb übernimmt der Anbieter, der Kunde erhält pro verkauftem Artikel eine Provision. Im 3-D-Bereich bietet das Unternehmen Shapeways eine solche Lösung an (shapeways.com).

Eine zunehmende Anzahl an Herstellern bietet öko-intelligente, kreislauffähige Produkte an. Textilhersteller, wie Trigema und Puma, offerieren beispielsweise eine Vielzahl kompostierbarer oder aus recyceltem Polyester hergestellter Kleidungsstücke (www.trigema.de; www.puma.com). Schreibgerätehersteller Stabilo produziert Stifte aus nahezu 100 % recyceltem Kunststoff, während Thoma Holzhäuser anbietet, bei deren Herstellung keine chemischen Stoffe verwendet wurden (www.stabilo.com; www.thoma.at). Elektronikhersteller Philipps verkauft ohne PVC hergestellte Fernseher, deren Bestandteile beliebig oft in Kreisläufe zurückgeführt werden können (www.philips.de). Tatsächlich werden die Produkte dabei über die klassischen Vertriebskanäle offline und online verkauft (=**Multichannel**). Im stationären, physischen Handel ist bei verschiedenen Produktkategorien, wie Fahrzeugen und Musikinstrumenten, die Darbietung von für den Erstkauf bestimmten Gütern in aller Regel mit dem Angebot von Gebrauchtwaren gekoppelt. Vertriebsangestellte von Autohäusern verkaufen neben Neuwagen auch die auf dem Hof stehenden Gebrauchtwagen. VW hat für sein Gebrauchtwagengeschäft die Marke „Weltauto" kreiert. Amazon verfolgt im Onlinebereich diese Strategie des **parallelen Angebots von Gebraucht- und Neuware,** indem Kunden neben Erstkaufprodukten auch Neuware von anderen Händlern sowie Gebrauchtware von gewerblichen oder privaten Anbietern, die diese „anderen Angebote" über den Marketplace-Service einstellen können, angeboten werden.

2.2 Nutzung

Im Wertschöpfungsschritt „Nutzung", der in die drei Phasen 1) Kauf, 2) Verwendung und 3) Nutzungsende gegliedert ist, werden verschiedene Entwicklungen und Veränderungen bei Aufgaben und Möglichkeiten von Anbietern und Kunden dargestellt.

2.2.1 Kauf

Kunden vom Nutzen und der Überlegenheit eines Angebots zu überzeugen und zu einem Kauf zu bewegen, steht im Zentrum von Marketing und Werbung (Bruhn 2014). Eine Übertragung der klassischen Marketingkonzepte auf den Nachhaltigkeitsbereich mit konkreten Ausführungen zu Kaufprozess und Sortimentsgestaltung finden sich bei Belz und Peattie (2009): Aus den **4P,** Product, Price, Place und Promotion, des klassischen Marketings werden beispielsweise die **4C,** Customer Value, Cost, Convenience und Communication, des Nachhaltigkeitsmarketings.

Nudging ist ein Begriff aus der Verhaltensökonomie und umfasst Gestaltungsmöglichkeiten, das Verhalten von Nutzern in Richtung Förderung des Gemeinwohls „anzuschubsen" (Sunstein und Thaler 2009). Im Sinne von „libertärem Paternalismus" geschieht dies nicht mit Vorschriften und Geboten, sondern durch Veränderung oder Schaffung von Angeboten und Prozessen, die auf die begrenzte Rationalität des Menschen und die Beeinflussbarkeit seiner Entscheidungen durch Kontextfaktoren bauen (De Haany und Lindez 2016; Zotz und Walcher 2016). Die „Entscheidungsarchitektur" ist so aufgebaut, dass der Nutzer das „Gefühl" hat, die Entscheidung selbst, ohne fremde Beeinflussung getroffen zu haben, was seiner internen Kontrollüberzeugung und seinem Streben nach Autonomie entspricht (Solomon 2016).

> **Beispiele für Nudging**
> Wird in Urinalen ein Fliegenbild angebracht, wird dies von Männern als Ziel wahrgenommen, was die „Genauigkeit" signifikant steigert. Wird in einer Kantine Obst zur Beginn der Essensausgabe in Griffhöhe platziert, Schokolade und Süßigkeiten dagegen weiter entfernt, oder wird ein Spiegel hinter dem Obst angebracht, in dem sich der Nutzer selbst sieht, wird bevorzugt zu diesen gesunden Lebensmitteln gegriffen (Sunstein und Thaler 2009).

Schubert (2016) identifiziert vier Motive, Kunden zu umweltbewussten Entscheidungen zu bewegen. „Green Nudges" können die Aufrechterhaltung des für den Nutzer begehrenswerten 1) **Selbstbildes** eines „Menschen mit Verantwortung" adressieren. Eco-Labels, Zertifikate sowie Greenbranding machen die Positionierung und Ausrichtung des Produktes eindeutig sichtbar und können zum Kauf bewegen. Auch kann die 2) **Soziale Identität** des Individuums angesprochen werden. Ein Rückgang der Verschmutzung am Straßenrand von Autobahnen im US-Bundesstaat Texas um über 70 % wird auf den vom Verkehrsministerium auf Straßenschildern angebrachten Slogan „Don't Mess with Texas" zurückgeführt, der bei den Einwohnern das Gefühl von Heimatstolz und Verbundenheit ansprach (Goldstein et al. 2008). Der Mensch als Gesellschaftswesen gründet viele Entscheidungen auf 3) **Sozialer Erwünschtheit** und **Sozialem Vergleich.** Energieunternehmen zeigen neben dem persönlichen Verbrauch auf der Jahresrechnung auch den durchschnittlichen Verbrauch der ganzen Straße oder des ganzen Ortes bzw. den Minimalverbrauch eines Mitbewohners. Ein Aufkleber mit Verbrauchswerten angebracht auf dem Toyota Prius signalisiert den eigenen Einsatz für die Umwelt im Vergleich zu anderen.

Value-Action-Gap
Im Umweltbereich ist bei Nutzern sehr häufig eine Abweichung von „Sagen" und „Tun" zu finden, eine Beobachtung, die als **„Attitude-Behavior-Gap"** oder **„Value-Action-Gap"** bezeichnet wird (Kollmuss und Agyeman 2002). Bei einer Kundenbefragung im Supermarkt antwortet ein Teilnehmer beispielsweise im Sinne höchster Umweltbewusstheit, entspricht dies doch der sozialen Erwartung an ein zeitgemäßes Individuum. Die Analyse seines Einkaufs, wie auch die Tatsache, dass er mit einem motor- und verbrauchsstarken Auto, das er als Geschäftsführer eines Autohauses aus Imagegründen fahren „muss", regelmäßig die kurze Strecke von zu Hause zur Einkaufsstelle zurücklegt, widerspricht diesen Angaben.

Schließlich kann die 4) **Entscheidungsmüdigkeit** (=**Decision Fatigue**) des Menschen und seine damit verbundene Neigung, Vorgaben anzunehmen (=**Default Bias**), angesprochen werden (Ariely 2010). In einigen Ländern ist die „Vorgabe", dass man im Todesfall seine Organe spendet, was nur durch aktiven (schriftlichen) Widerspruch geändert werden kann. In anderen Ländern muss man sich aktiv zur Organspende melden, was zur Folge hat, dass in diesen Ländern die Organspendequote signifikant unter der der Länder mit Organspendevorgabe liegt. Unternehmen können ihr Angebot so gestalten, dass die umweltbewussten Produkte und Dienstleistungen die Vorgabe sind.

2.2.2 Verwendung

In der Denkweise der Kreislaufwirtschaft wird bei der Verwendungsphase zwischen **Verbrauch** (=Konsum) und **Gebrauch** (=Nutzung) unterschieden. Verbrauchsgüter, wie Lebensmittel und Waschmittel, aber auch verschleißende Dinge, wie Autoreifen und Schuhsohlen, werden konsumiert und müssen für den biologischen Kreislauf konzipiert sein. Fernseher, Waschmaschinen und Fenster werden dagegen genutzt und kehren in Komponenten zerlegt oder auf Rohstoffebene nach Nutzungsende in den technischen Kreislauf zurück, weswegen schon bei der Konstruktion überlegt werden muss, wie und mit welchen Materialien die Fertigung stattfindet. Gegenwärtig wird in der Regel erst nach Produktion und Nutzung überlegt, wie die Schadstoffe entsorgt werden können (Braungart und McDonough 2014). Im Idealmodell erwirbt man vom Unternehmen das Recht, 1000 Mal zu waschen. Danach gibt man das Gerät zurück und es wird vollständig verwertet. Das Produkt bleibt im Eigentum des Anbieters und geht als bezahlte Dienstleistung zeitweise in den Besitz des Nutzers über: „Access trumps ownership" (Gruel 2017).

Servitization
Die entsprechende Einführung einer **Service-Dominaten-Logik,** in Kontrast zur klassischen **Güter-Dominanten-Logik,** vor über 10 Jahren spiegelt einen Paradigmenwechsel im Marketing wieder (Vargo und Lusch 2004). Der Teppichhersteller Desso bietet seinen Kunden beispielsweise **Eco-Leasing** an (www.desso-businesscarpets.de). Das Unternehmen bleibt Eigentümer und kümmert sich um Verlegung, Reinigung und Entfernung des Teppichbodens. Nach Nutzungsdauer nimmt Desso den Teppich zurück und recycelt ihn. Für all dies zahlt der Kunden eine „Leasinggebühr". Dieser Wandel von einem Produktverkäufer zu einem Dienstleistungsanbieter wird als **Servitization,** die Erbringung der Dienstleistung als **Servicizing** und das Gesamtangebot des Unternehmens als **Produkt-Service-System** bezeichnet (Baines und Lightfoot 2013).

Servitization bildet die Grundlage einer nutzbringenden Co-Creation von Kunde und Anbieter. Traditionelle Wirtschaftssysteme werden darüber hinaus gegenwärtig von umfassenden Co-Creation-Entwicklungen auf Nutzer-Nutzer-Ebene herausgefordert (Egger et al. 2016). Mit **Sharing Economy** oder **Collaborative Consumption** wird die geteilte Nutzung von ganz oder teilweise ungenutzten Ressourcen beschrieben (Botsman und Rogers 2011). Gemeinschaftlicher Gebrauch von mehreren Nutzern von Gütern und Dienstleistungen (z. B. airbnb.com; uber.com), kollaborative Produktion (z. B. FabLabs, TechShops), offener und freier Zugang zu Wissen (z. B. Massive Open Online Courses – MOOCs; wie wikipedia.org; youtube.com) sowie gemeinschaftliche Finanzierung (=Crowdfunding, wie kickstarter.com, startnext.com) sind Erscheinungen dieses Systems0 (Williams und Tapscott 2008). Belleflamme et al. (2013) zeigen, dass Finanzierungskampagnen von Non-Profit-Unternehmen, beispielsweise aus dem Eco-Innovation-Bereich, auf Crowdfunding-Plattformen eher unterstützt werden als von For-Profit-Unternehmen. Tatsächlich handelt es sich bei den im ländlichen Bereich weit verbreiteten Maschinenringen seit Jahrzehnten um Sharing-Economy-Beispiele, doch lässt sich die gegenwärtige Verbreitung des Konzepts auf die zunehmende Bedeutung von sozialen Netzwerken und elektronischen Marktplätze sowie auf die Verbreitung von mobilen Zugriffsgeräten und elektronischen

2.2 Nutzung

Dienstleistungen bei geänderter Wertschätzung von Eigentum bzw. Verzicht darauf zurückführen (Rifkin 2016).

2.2.3 Nutzungsende

Die Nutzungsdauer eines Produktes ist von nutzungsspezifischen Gegebenheiten (z. B. Beanspruchung) sowie von der Qualität der eingesetzten Materialien und der Konstruktion abhängig. Aufgabe von Konstrukteuren und Gestaltern der gegenwärtigen Linearwirtschaft ist es jedoch in nicht wenigen Fällen, Produkte mit (künstlicher) Obsoleszenz und somit kürzerer Nutzungszeit zu versehen (Tröger et al. 2015). Bei geplanter Obsoleszenz werden Produkte schneller hinfällig und gebrauchsunfähig, als es technisch notwendig wäre. Bereits 1958 konstatierte Prentiss:

> Our whole economy is based on planned obsolescence and everybody who can read without moving his lips should know it by now. We make good products, we induce people to buy them, and then next year we deliberately introduce something that will make those products old fashioned, out of date, obsolete. We do that for the soundest reason: to make money.

Die drei Hauptgründe für Obsoleszenz können mit 1) **matter,** das Produkt ist technisch veraltet beziehungsweise nicht mehr kompatibel, 2) **mind,** das Produkt wird vom Nutzer als modisch veraltet wahrgenommen, und 3) **money,** der Nutzer kann durch ein neues Produkt Geld sparen, zusammengefasst werden (Tröger et al. 2015).

Obsoleszenzgründe (Reuß und Dannoritzer 2013)
- **Geplanter Mehrverbrauch:** z. B. sehr große Badezusatz-Flaschenöffnung oder nicht vollständig leerbare Ketchup-Flasche
- **Indirekter Verschleiß:** z. B. Kriechstrom, der Autobatterie schneller unbrauchbar macht
- **Funktionelle Obsoleszenz:** z. B. Nichtkomptabilität von IPhone 4 Ladekabel mit IPhone 5 Gerät
- **Ökonomische Obsoleszenz:** z. B. Kostenvorteil eines Schuhneukaufs statt Neubesohlung wegen mangelnder Reparaturfreundlichkeit
- **Psychische Obsoleszenz:** z. B. regelmäßiges Wechseln des Handys, da neues Design erhältlich und Imageverlust bei Freunden befürchtet wird

2.3 Zirkulation

Der Wertschöpfungsschritt „Zirkulation" der Kreislaufwirtschaft ersetzt den Schritt „Entsorgung" der Linearwirtschaft. Im Folgenden sollen die verschiedenen Kreislauftypen sowie Designprinzipien zur Ermöglichung der Kreislaufführung beschrieben werden. Grundsätzlich finden sich neben dem „großen" Recycling-Kreislauf die drei „kleinen" Kreisläufe 1) **Verlängerung** (=Maintenance oder Reuse), 2) **Umverteilung** (=Redistribution) und (3) **Aufarbeitung** (=Remanufacturing). 4) **Recycling** findet in technischem und biologischem Zirkel auf Rohstoffebene statt. Die kleinen Kreisläufe können danach gegliedert werden, in welcher Phase der Wertschöpfungskette (=Materialformulierung, Komponentenproduktion, Montage, Vertrieb oder Nutzung) die Rückführung stattfindet, was Einfluss darauf hat, ob das Produkt 1) im Ganzen oder in Teilen rückgeführt wird, ob sich dadurch der 2) grundlegende Produktnutzen ändert und ob der 3) ursprüngliche Nutzer auch Folgenutzer ist. Allgemein ist zu bemerken, dass sich die Möglichkeiten der Kunden ein Produkt selbstständig oder in Zusammenarbeit mit anderen (vgl. Co-Creation) zu warten, zu reparieren, umzunutzen oder zu tauschen durch innovative Produktarchitektur und Technologiewandel beträchtlich weiterentwickelt haben.

Kreislauftypen
- Verlängerung (Maintenance/Reuse)
- Umverteilung (Redistribution)
- Aufarbeitung (Remanufacturing)
- Recycling (Bio-/Technosphäre)

Bakker et al. (2014) identifizieren sechs **Circular-Product-Design-Prinzipien**, um Produkte lange nahe am Originalzustand zu belassen und somit Obsoleszenz entgegen zu wirken. Das Prinzip, Produkte hochqualitativ herzustellen, wird mit **Design for Durability** bezeichnet. Darüber hinaus ist eine Produktnutzungsverlängerung auch durch **Design for Product Attachment and Trust** möglich. Chapman (2005) zeigt, wie die Produkt-Mensch-Beziehung durch Design emotionalisiert und verstärkt werden kann.

Produktemotionalisierung durch Patina-Effekt, Individualisierung und Handfertigung
Durch Gebrauchsspuren zeigen Produkte zunehmend ihr Alter, was den Kunden schließlich zu einer Beendigung der Nutzung bewegt. Chapman (2005) bringt Beispiele eines

2.3 Zirkulation

positiven Patina-Effekts. So sind Turnschuhe oder Kaffeetassen mit einem bestimmten Material beschichtet, sodass kunstvolle Ornamente umso sichtbarer werden, je mehr Patina vorhanden ist, also je älter und gebrauchter die Schuhe sind. Durch Personalisierung kann zudem die Mensch-Produkt-Bindung substanziell gesteigert werden (Piller und Walcher 2017) sowie durch Anlass und Symbolik der Produktübergabe (z. B. Geschenk oder Erbstück) (Walcher et al. 2016).

Bei **Mass Customization** baut der Kunde eine starke Beziehung zu seinem selbst gestalteten Produkt auf (Walcher und Piller 2016): Beispielsweise gestaltet er sich online einen Schuh. Der Schuh hat die 1) Funktion, die 2) Passgröße und das 3) Aussehen, die der Kunde wünscht, wodurch er sich der Außenwelt individuell 4) ausdrücken kann. Kein anderer hat solch einen Schuh. Zudem hat der Nutzer 5) Zeit und Anstrengung in die Konfiguration gesteckt (=IKEA-Effekt), hatte beim 6) kreativen Arbeiten 7) Freiheit und 8) Spaß und ist nach Fertigstellung 9) stolz auf sein Werk. Der Schuh ist oft von einer bekannten Marke. Durch Aufbringen der persönlichen Initialen 10) übertragen sich die positiven Eigenschaften der Marke auf den Kunden (=image spillover). Der Schuh wächst dem Nutzer aus diesen Gründen stark ans Herz, eine längere Nutzungsdauer im Vergleich zu einem Standardschuh ist die Konsequenz.

Fuchs, Schreier und van Osselaer (2015) weisen durch mehrere Experimente nach, dass **handgemachte Produkte** für Kunden einen höheren Wert besitzen, da diese im übertragenen Sinne mit „Hingabe und Liebe" des Künstlers versehen sind, wodurch einerseits die individuelle Produkt-Mensch-Beziehung gestärkt wird und diese Produkte auch zur Weitergabe als Geschenk geeignet sind. Aufgrund ihres **symbolischen Charakters** sind geschenkte Produkte sehr lange im Besitz des Beschenkten (Walcher et al. 2017).

Eine **Verlängerung** der Produktnutzung kann auch durch aktiven Eingriff des Besitzers erfolgen. Das Produkt bleibt im Besitz des Nutzers und wird entweder durch Umnutzung weiterbenutzt (=**Reuse**) oder für eine weitere Ursprungsnutzung gereinigt, gewartet oder repariert (=**Maintenance**). Mit Reuse ist eine Umnutzung gemeint, die vom Nutzer selbst durchgeführt wird (vgl. Do-it-yourself). Das Produkt wird dabei im Ganzen oder in Teilen „verändert". Das nicht gewerbliche **Upcycling** von gebrauchten Konservendosen zu Lampenschirmen für den privaten Gebrauch oder als Geschenk an Freunde ist ein Beispiel hierfür. Maintenance (z. B. Reparatur) kann vom Kunde selbst (z. B. Batteriewechsel bei TV-Fernbedienung) oder von einem Dienstleister (z. B. Batteriewechsel bei Armbanduhr) vorgenommen werden.

Insgesamt finden sich verschiedene Prinzipien, um ein Produkt für diese Kreislaufnutzung vorzubereiten: **Design for Ease of Maintenance and Repair** bezieht sich auf die Wartungs- und Reparaturfähigkeit des Produktes und ist stark gekoppelt an **Design for Disassembly and Reassembly,** wodurch die Zerlegbarkeit und Demontagemöglichkeit des Produktes gemeint ist, was meist durch eine modulare Produktarchitektur gelöst wird. Produkte sollten einfach und intuitiv zerlegbar sein, um zu Ende genutzte Komponenten (z. B. Batterie), fehlerhafte oder beschädigte Teile (z. B. Glühbirne) oder aus der Mode gekommene Module

(z. B. Handy-Cover) zu ersetzen. Der anschließende Wiederzusammenbau muss ebenso einfach und fehlerfrei möglich sein. Hierzu kann auf **Poka-Yoke**-Verfahren zurückgegriffen werden, welche Konstruktionen, technische Vorkehrungen oder Einrichtungen zur sofortigen Fehleraufdeckung und -verhinderung umfasst, und die Durchführung fehlerfreier Prozesse ermöglicht (Sondermann und Kamiske 2013). Eine Poka-Yoke-Lösung ist beispielsweise die Schrittfolge am Bankautomat, bei der zuerst die Bankkarte abgezogen sein muss, bevor das Geld ausgegeben wird. Andernfalls gäbe es eine Vielzahl vergessener Karten.

Die letzte für diesen Kreislauftyp zutreffende Designstrategie ist **Design for Upgradability and Adaptability**. Elektronische Geräte, wie Computer oder Handys, können durch Updates unkompliziert auf den neuesten Stand der Technik gebracht werden, während sich bei Gebrauchsgütern oft proprietäre und markenspezifische Lösungen finden. Hersteller von Staubsaugerbeuteln oder Druckerpatronen bieten zunehmend Produkte an, die auf Geräten verschiedener Hersteller einsetzbar sind. Auch die Anlage von **Folgenutzungen** des Produkts fällt in den Bereich dieser Strategie. Das Produkt wird schon bei der Konstruktion auf Mehrfachnutzung ausgelegt und kann sequenziell oder gleichzeitig angepasst werden. Die Nutella-Primärverpackung kann beispielsweise nach Verzehr des Schokoaufstrichs als Trinkglas weitergenutzt werden. Der Transportbeutel der Tischlampe Velola des österreichischen Designbüros R.I.O.F. wird durch einfachen Umbau zu einem Lampenschirm umgewandelt und aufgewertet (riof.at).

Durch **Umverteilung** (=Redistribution) hat der Nutzer nicht nur die Möglichkeit, sich „gemeinnützig" ökologisch zu verhalten, sondern auch einen persönlichen Gewinn zu erzielen (vgl. Bonifield et al. 2010). Das Produkt geht entweder mit oder ohne Aufarbeitungen in das Eigentum eines anderen Nutzers über, wo es die gleiche Funktion übernimmt.

> **Redistribution im analogen und digitalen Bereich**
> Im klassischen Bereich wird der Umverteilungsmarkt für gebrauchte Produkte von Gebrauchtwarenläden, wie Flohmärkten, Secondhandladen oder Antiquariaten, bestimmt. Seit den Anfängen von E-Commerce finden sich entsprechende Online-Portale für Gebrauchtwaren, wie Ebay, Rebuy, Booklooker oder Fairmondo.

Der Kreislauftyp **Aufarbeitung** (=Remanufacturing) basiert auf Überholung, Demontage und Komponentenverwertung. Grundsätzlich kann zwischen **Base Remanufacturing** und **Mass Remanufacturing** unterschieden werden. Base Remanufacturing bezieht sich auf einfache Aufarbeitung (z. B. Änderungen bei Funktion und Aussehen) meist durch Privatpersonen zum anschließenden Verkauf

2.4 Geschäftsmodelle

(=Hauptunterschied zum nicht-gewerblichen Reuse). Auf Online-Marktplätzen wie Dawanda, Etsy oder Amazon-Handmade finden sich eigene Kategorien für diese Upcycling-Produkte, wie beispielsweise aus alten Surfsegeln hergestellte Federmäppchen für Künstler. Mass Remanufacturing bezieht sich auf industrielle Aufarbeitung und größere Volumina. Zu einem der bekanntesten Beispiele gehören die von der Firma Freitag zu modischen Taschen „upgecycelten" LKW-Planen. Auch das Zerlegen alter Computer und die Wiederverwendung oder Weiterverarbeitung bestehender Komponenten gehört zu diesem Kreislauftyp. Konstrukteure können durch Folgen des Prinzips **Design for Standardisation and Compatibility,** bei dem Standardmodule, die auch in andere Produkte eingesetzt werden können, verbaut werden, die Rückführung unterstützen (vgl. Bakker et al. 2014). Elektronische Bauteile, wie zum Beispiel Widerstände und Potenziometer, werden von einem professionellen Komponentenverwerter ausgebaut und an Reparaturfirmen verkauft (=Redistribution), die damit Computer instandsetzen.

Circular-Product-Design-Prinzipien (Bakker et al. 2014)
- Design for Durability
- Design for Product Attachment and Trust
- Design for Ease of Maintenance and Repair
- Design for Disassembly and Reassembly
- Design for Upgradability and Adaptability
- Design for Standardisation and Compatibility

2.4 Geschäftsmodelle

Die Kreislaufwirtschaft ist durch Innovationen in vielen Bereichen gekennzeichnet, so auch im Bereich der Geschäftsmodellentwicklung (Kreibich et al. 1996).

2.4.1 Grundlegende Geschäftsmodelle der Kreislaufwirtschaft

Bakker et al. (2014) beschreiben fünf grundlegende Geschäftsmodelle, die für eine Umsetzung der Kreislaufwirtschaft relevant sind. Im klassischen 1) **Long-Life-Model** werden hochqualitative Produkte mit langer Lebensdauer (z. B. Miele Waschmaschine) gefertigt und verkauft. Daneben findet sich das 2) **Hybrid-Model,** das eine Kombination von langlebigem, technischem Gebrauchsgut und kurzlebigen, biologisch abbaubaren Verbrauchsgütern beschreibt, wie beispielsweise ein Drucker mit wechselbaren Farbkartuschen. Das 3) **Gap-Exploiter-Model** basiert auf der Tatsache, dass Produkte aus Komponenten mit unterschiedlich langen Lebenszeiten bestehen, wodurch Möglichkeiten entstehen, ergänzende Ersatzprodukte und Dienstleistungen anzubieten. Der Sitzbezug eines Sofas verschleißt beispielsweise mit der Zeit, kann jedoch durch Tausch (durch den Nutzer selbst oder durch einen Polsterer) wiederhergestellt werden, was die Gesamtnutzungszeit des Sofas verlängert. In der Kreislaufwirtschaft bleiben Produkte im Eigentum des Anbieters und werden dem Nutzer als Dienstleistung zeitweise gegen Bezahlung überlassen. Fahrradleihstationen in Großstädten bedienen sich beispielsweise dieses Geschäftsmodells, das als 4) **Access-Model** bezeichnet wird. Das 5) **Performance-Model** beschreibt im Grunde Business-Process-Outsourcing, also die entgeltliche Auslagerung von Geschäftsprozessen an einen Partner. Osterwalder und Pigneur (2011) geben als Beispiel für dieses **Getting-the-Job-done**-Prinzip das Unternehmen Rolls-Royce an, das sich als Partner von Fluggesellschaften auf die Produktion und das „verlässliche Funktionieren" der Triebwerke spezialisiert hat und dafür für jede Triebwerksbetriebsstunde bezahlt wird (=Power-by-the-hour als Form des Performance-based-contracting).

Grundlegende Geschäftsmodelle der Kreislaufwirtschaft
(Bakker et al. 2014)

- Long-Life-Model
- Hybrid-Model
- Gap-Exploiter-Model
- Access-Model
- Performance-Model

2.4.2 Strukturierung von Geschäftsmodellen aus der Praxis

Kortmann und Piller (2016) sehen in der **Öffnung** von betrieblichen Prozessen für die Integration von externen Partner sowie in der **Schließung** von Wertschöpfungsketten, beispielsweise durch Kreislaufführung von Stoffströmen, die beiden zentralen Einflussgrößen für den gegenwärtigen Wandel von Geschäftsmodellen.

2.4 Geschäftsmodelle

Ihre Strukturierung von klassischen, wie auch auf Co-Creation und Kreislaufführung basierenden Geschäftsmodellen bauen sie auf den zwei zentralen Achsen 1) Geschäftsmodellöffnung, auf Ebene von Einzelfirmen, Allianzen und Plattformen, sowie 2) Lebenszyklusphasen, bestehend aus den drei Stufen Produktion, Nutzung und Zirkulation, auf. Jedes der neun Felder dieser somit entstehenden Strukturierungsmatrix dient zu Beschreibung eines „archetypischen" Geschäftsmodells.

Geschäftsmodelle auf Einzelfirmen-Ebene
Die Vorgehensweise **Transaktionsorientierter Hersteller** stellt das gegenwärtig dominante Geschäftsmodell der Linearwirtschaft dar. Die Verantwortung für das Produkt endet für den Hersteller mit Verkauf und Übergabe an den Kunden. Werden die Aktivitäten bis in die Nutzungsphase ausgedehnt, findet ein Wandel zum **Servicizingorientierten Anbieter** statt, dessen Erträge auf dem Angebot zusätzlicher Dienstleistungen und Produkt-Service-Systemen beruhen. Große Unternehmen, wie Bosch, Siemens oder IBM, generieren größeren Umsatz mit Installation, Wartung und Reparatur als aus dem Verkauf der Geräte. Mit der Einführung von Car2go bleibt Daimler im Geschäft von „Mobilität", jedoch nicht mehr ausschließlich durch den Verkauf von Fahrzeugen, sondern durch Angebot eines Car-Sharing-Services (car2go.com). Am Ende der Nutzungszeit möchten Nutzer ihre Produkte gerne an andere weiterverkaufen, was wegen geringer Nachfrager oft aufwändig ist sowie umfassende Transaktionskosten und hohe Unsicherheit bezüglich des richtigen Preises und der Haftung mit sich bringt. **Rückführungsorientierte Hersteller** nutzen diese Situation durch Aufkauf gebrauchter Produkte, Aufarbeitung und Wiederverkauf auf Gesamtprodukt- oder Komponentenebene. Für den Mobiltelefonbereich nehmen Neugründungen, wie Hylamobile und Asgoodasnew, dieses Modell als Grundlage ihrer Geschäftstätigkeit (hylamobile.com; asgoodasnew.com). Auch etablierte Unternehmen erweitern ihr Geschäftsmodell in diese Richtung, einerseits aus Gründen des Umweltschutzes, andererseits zur Steigerung der Profitabilität. Mobilfunkanbieter O_2 ermöglicht es mittlerweile Kunden, bei laufendem Vertrag das Telefon gegen Bezahlung zurückzusenden, wo es wiederverwendet wird. Abb. 2.2 zeigt die Strukturierung der verschiedenen Geschäftsmodelle.

Geschäftsmodelle auf Allianzen-Ebene
Öffnen Anbieter ihre innenbetrieblichen Prozesse, werden sie zu **Co-Creation-Herstellern**, die in Zusammenarbeit mit Kunden und externen Partnern gemeinsam Werte schaffen. General Electric (GE) lädt regelmäßig Start-ups zur „Ecomagination Challenge" ein, bei der dem Gewinner finanzielle Unterstützung

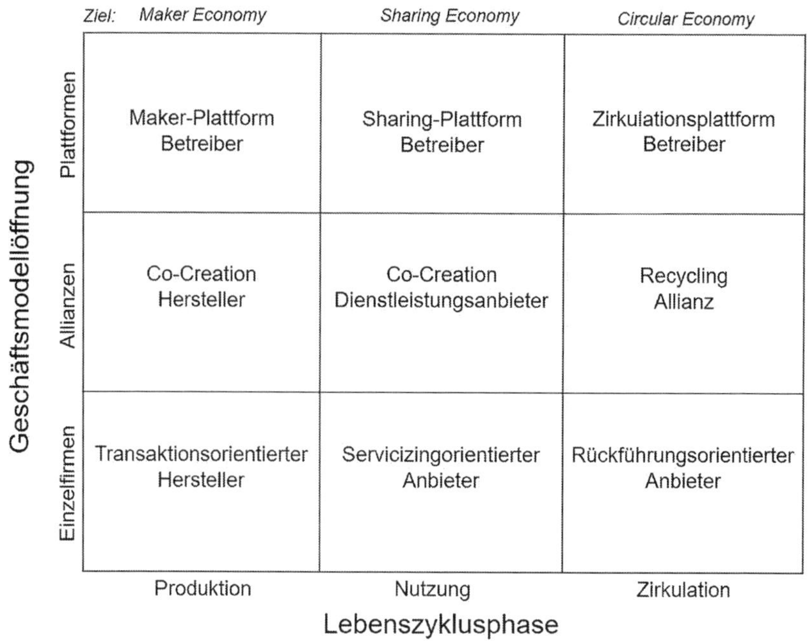

2 Zirkuläre Wertschöpfung

		Ziel: Maker Economy	Sharing Economy	Circular Economy
Geschäftsmodellöffnung	Plattformen	Maker-Plattform Betreiber	Sharing-Plattform Betreiber	Zirkulationsplattform Betreiber
	Allianzen	Co-Creation Hersteller	Co-Creation Dienstleistungsanbieter	Recycling Allianz
	Einzelfirmen	Transaktionsorientierter Hersteller	Servicizingorientierter Anbieter	Rückführungsorientierter Anbieter
		Produktion	Nutzung	Zirkulation
			Lebenszyklusphase	

Abb. 2.2 Geschäftsmodellstrukturierung

zur Umsetzung der Idee in Kooperation mit GE winkt (www.ge.com/ecomagination). Das niederländische Unternehmen Fairphone zielt durch die Produktion eines „fairen" Mobiltelefons, bei der alle Geschäftsprozesse und Lieferketten offen dargelegt werden, auf die Schaffung von ökologischem und sozialem Mehrwert (fairphone.com). Kunden spielen durch die Möglichkeit der Teilnahme an Innovationswettbewerben und Innovationscommunities sowie durch finanzielle Crowdfundig-Unterstützung und der Möglichkeit, via 3-D-Technologie lokal „Personal Fabrication" vorzunehmen, eine essenzielle Rolle. **Co-Creation-Dienstleistungsanbieter** beziehen Nutzer aktiv in den Wertschöpfungsprozess einer Dienstleistung mit ein. Bei Car2go können Nutzer nicht nur das Fahrzeug für sich selbst mieten, sondern die Aktivitäten anderer Fahrer mitorganisieren und sich an der Instandhaltung beteiligen, wofür sie mit Freiminuten zur Fahrzeugbenutzung belohnt werden. Car2go bildet in Verbindung mit anderen Anbietern, wie MyTaxi, der Deutschen Bahn, dem öffentlichen Personennahverkehr und Leihfahrradanbietern das Co-Creation-Netzwerk „Moovel" für die Dienstleistung

2.4 Geschäftsmodelle

„Mobilität" (moovel.com). Beim britische Mobilfunkunternehmen Giffgaff (Claim: „run by our members") übernehmen Nutzer zentrale Teile von Vertrieb und Support, wofür sie mit Pay-back-Punkten entlohnt werden (giffgaff.com). **Recycling-Allianzen** bestehen meist aus Netzwerken privater Unternehmen, NGOs sowie öffentlicher Institutionen, spezialisieren sich auf eine Branche und haben die Rückführung von gebrauchten Gütern und Material zum Ziel. Im Closed Loop Fund sind Konsumgüterhersteller und Händler, wie beispielsweise die im Wettbewerb miteinander stehende Unternehmen Coca-Cola und Pepsi Cola sowie Procter & Gamble und Unilever, vereinigt, um an Gemeinden und Unternehmen günstige Kredite zu vergeben, mit dem Ziel, die Recycling-Infrastruktur auszubauen (closedloopfund.com). Medic Mobile unterstützt das Gesundheitswesen mit wichtiger und hoch entwickelter Open-Source-Software, beispielsweise um Krankheitsausbrüche und Epidemien schneller zu bekämpfen. Es finanziert sich aus Einkünften, die durch Weitergabe von gespendeten Mobiltelefonen an Recyclingunternehmen erzielt werden (medicmobile.org/hopephones).

Geschäftsmodelle auf Plattformen-Ebene
Maker-Plattform-Betreiber stellen die Infrastruktur für Transaktionen von Anbietern und Nachfragern tangibler Produkte bereit. Auf dem Etsy-Online-Marktplatz können Kreativschaffende ihre Produkte verkaufen (etsy.com). Ponoko übernimmt die Vermittlerrolle zwischen Designern von digitalen Objekten, den Käufern dieser Daten und 3-D-Druck-Anbietern zur physischen Herstellung der Werke (ponoko.com). Maker-Plattformen finden sich auch im Offline-Bereich, wie FabLabs und TechShops. Das britische CraftyMums-Netzwerk hilft Kreativschaffenden durch Bereitstellung von Regal- und Ladenfläche sowie Unterstützung bei begleitenden Marketingaktivitäten (craftymamasfabrics.com). **Sharing-Plattform-Betreiber** stellen die Infrastruktur für Peer-to-Peer-Transaktionen unter Nutzern bereit. Bekannt sind Plattformen, wie Airbnb (airbnb.com) für Übernachtungen, Uber (uber.com) für Personentransporte, Neighborhood Goods (neighborgoods.net) und Freecycle (freecycle.org) zum Ausleihen oder kostenlosen Tauschen von Produkten verschiedener Kategorien. Bei Turo kann jeder Autobesitzer sein Fahrzeug als Leihwagen anderen zur Verfügung stellen (turo.com). Mitglieder im Fon-Netzwerk stellen anderen Mitgliedern ihr WLAN kostenlos zur Verfügung, wofür sie im Gegenzug kostenfeien Zugang zu allen Hotspots des Netzwerks haben (fon.com). Das Unternehmen arbeitet mit Telefonunternehmen in verschiedenen Ländern zusammen, wodurch die Fon-Community mittlerweile auf über 15 Mio. Mitglieder angewachsen ist. **Zirkulationsplattformbetreiber,** wie Ebay (ebay.com) oder Craigslist (craigslist.com), vernetzen Nutzer, die ihr benutztes Produkt an andere Nutzer weitergeben möchten. Über das niederländische Unternehmen Next Closet können Kundinnen Designer-Kleidungsstücke an andere weiterverkaufen,

wobei das Unternehmen Leistungen, wie Aufarbeitung, Fotografie, Versand und Werbung übernimmt. Nicht verkaufte Kleidungsstücke werden an eine gemeinnützige Kleidersammlung weitergegeben (thenextcloset.com). Das britische Unternehmen Recipro betreibt eine Zirkulationsplattform für überschüssiges Baumaterial. Schätzungen zu Folge werden 13 % der für Bauvorhaben angeschafften Materialien (=jährlicher Wert von $ 1.5 Mrd.) nicht benutzt und müssen entsorgt werden (recipro-uk.com). Usell bietet eine Plattform, auf der private Nutzer Angebote von professionellen Firmen, wie AT&T, Sprint oder T-Mobile, für ihr gebrauchtes Handy erhalten können. Nach Kauf geben diese Unternehmen die Geräte an spezialisierte Wiederaufbereiter weiter (usell.com).

Gestaltungsfelder 3

Die Umstellung der Linear- auf eine Kreislaufwirtschaft hat umfassenden Einfluss auf private und berufliche Bereiche. Neben veränderten Aufgaben, ergeben sich viele Möglichkeiten und Chancen für Anbieter und Nutzer. Im Zentrum dieses Wandels von Produktion, Nutzung, Zirkulation und Geschäftsmodellen steht Co-Creation, als systematische Zusammenarbeit mehrerer Akteure zum gegenseitigen Nutzen. Tatsächlich dürfen Aufrufe für Aktivitäten zur Umstellung auf das Kreislaufsystem nicht alleine auf Appellen zur Förderung des Gemeinwohls basieren, sondern müssen mit individuellem Nutzenzuwachs für das Individuum oder die Institution verbunden sein. Beispiele von Geschäftsmodellen aus der Praxis stellen Ansätze dazu dar und beweisen die Profitabilität und Skalierbarkeit von auf „Nachhaltigkeit" basierenden Produkt- und Prozessinnovationen. Eine erfolgreiche Umsetzung der Kreislaufwirtschaft ist mit Weiterentwicklungen auf Anbieter- und Kundenseite verbunden. Manager aller Bereiche (z. B. Führung, Organisation, Marketing, Design, Konstruktion, Produktion, Produktmanagement, Vertrieb etc.) müssen sich hinsichtlich der geänderten Anforderungen fortbilden und fortgebildet werden. Bereits in der Ausbildung müssen die Inhalte des geänderten Wirtschaftssystems frühzeitig vermittelt werden. Für Nutzer muss der Umstieg so einfach wie möglich und ohne Reduktion der Lebensqualität erfolgen. Auch hier ist eine möglichst frühe Hinführung und Aufklärung (z. B. in Kindergarten und Schule) notwendig. Ziel dieses Beitrags ist es, die Grundlagen der Kreislaufwirtschaft darzustellen sowie relevante Aktionsbereiche für eine erfolgreiche Umsetzung aufzuzeigen. Die abschließende Abb. 3.1 soll dazu dienen, alle grundlegenden Gestaltungsfelder in einem Bild zusammenzufassen.

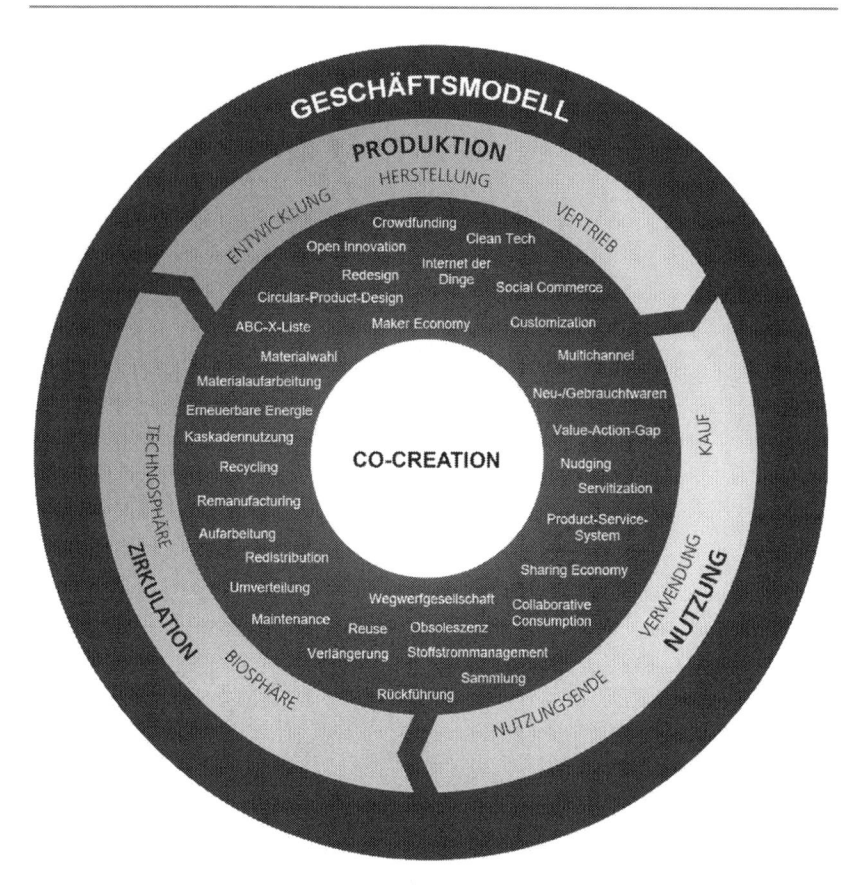

Abb. 3.1 Gestaltungsfelder zur Umsetzung der Kreislaufwirtschaft

Was Sie aus diesem *essential* mitnehmen können

Die gegenwärtige Linearwirtschaft wird in eine Kreislaufwirtschaft umgewandelt. Die Lebenszyklusphase „Entsorgung" wird durch Zirkulation mit verschiedenen Kreislauftypen (z. B. Reuse, Umverteilung oder Aufarbeitung) ersetzt. Neben diesem „Schließen" des Gesamtsystems sind einzelne Wertschöpfungsphasen von „Öffnen", wie beispielsweise Open Innovation (z. B. durch Ideenwettbewerbe) in der Entwicklungsphase oder Collaborative Consumption (z. B. Sharing Aktivitäten) in der Nutzungsphase, gekennzeichnet. Co-Creation steht somit im Zentrum einer erfolgreichen Umsetzung der Kreislaufwirtschaft. Zahlreiche innovative Geschäftsmodelle basieren auf dem Zusammenspiel von „Schließen" und „Öffnen". Neben wichtigen ökologischen Verbesserungen werden der Kreislaufwirtschaft aus diesem Grund auch substanzielle ökonomische Vorteile zugeschrieben.

Literatur

Ahrend, K. (2016). *Geschäftsmodell Nachhaltigkeit. Ökologische und soziale Innovationen als unternehmerische Chance*. Wiesbaden: Springer.
Anderson, C. (2013). *Makers: The new industrial revolution*. London: Random House Business.
Ariely, D. (2010). *Predictably irrational: The hidden forces that shape our decisions*. New York: Harper Perennial.
Baines, T., & Lightfoot, H. (2013). *Made to serve: How manufacturers can compete through servitization and product service systems*. New Jersey: Wiley.
Bakker, C., Hollander, M. den, Hinte, E. van, & Zijlstra, Y. (2014). *Products that last: Product design for circular business models*. Delft: Marcel den Hollander.
Bannasch, H., Hartmann, W., & Kny, R. (2013). *Maritimes Clean Tech Kompendium: Wie nachhaltiges Wachstum international erfolgreich macht Taschenbuch*. München: ifi Institut für Innovationsmanagement.
Belleflamme, P., Lambert, T., & Schwienbacher, A. (2013). Individual crowdfunding practices. *Venture Capital, 15*(4), 313–333.
Belz, F., & Peattie, K. (2009). *Sustainability marketing: A global perspective*. New Jersey: Wiley.
Berman, B. (2012). 3-D printing: The new industrial revolution. *Business Horizons, 55*(2), 155–162.
Boër, C., Pedrazzoli, P., Bettoni, A., & Sorlini, M. (2013). *Mass customization and sustainability: An assessment framework and industrial implementation*. Wiesbaden: Springer.
Bonifield, C., Cole, C., & Schultz, R. (2010). Product returns on the Internet: A case of mixed signals. *Journal of Business Research, 63*(9), 1058–1065.
Botsman, R., & Rogers, R. (2011). *What's mine is yours: The rise of collaborative consumption*. New York: Harper Collins Publishing.
Boudreau, K., & Lakhani, K. (2009). How to manage outside innovation: Building communities or markets of external innovators? *MIT Sloan Management Review, 50*(5), 69–76.
Braungart, M., & McDonough, W. (2014). *Cradle to Cradle: Einfach intelligent produziere*. München: Piper.
Brown, T. (2009). *Change by design: How design thinking transforms organizations and inspires*. New York: Harper Business.

Bruhn, M. (2014). *Marketing: Grundlagen für Studium und Praxis* (12. Aufl.). Wiesbaden: Springer Gabler.
Busarovs, A. (2013). Rally fighter – Crowd designed vehicle. Case study of open innovation. In *(ISPIM), Conference Proceedings*. The International Society for Professional Innovation Management (ISPIM).
Chapman, J. (2005). *Emotionally durable design: Objects, experiences and empathy.* Oxford: Routledge.
Chesbrough, H. (2003). *Open innovation: The new imperative for creating and profiting from technology*. Boston: Harvard Business School Press.
De Haany, T., & Lindez, J. (2016). Good Nudge Lullaby: Choice Architecture and Default Bias Reinforcement. *The Economic Journal*. doi: 10.1111/ecoj.12440
Doll, B. (2009). *Prototyping zur Unterstützung sozialer Interaktionsprozesse*. Wiesbaden: Gabler Research.
Egger, R., Gula, I., & Walcher, D. (2016). *Open tourism: Open innovation, crowdsourcing and co-creation challenging the tourism industry*. Wiesbaden: Springer.
EPEA & Returnity Partners. (o. J.). Cradle to Cradle: Die Wiege der Circular Economy. http://epea-hamburg.org/de/content/cradle-cradle-die-wiege-der-circular-economy. Zugegriffen: 4. 2017.
Eppler, E. (2011). Selektives Wachstum und neuer Fortschritt. Neue Gesellschaft Frankfurter Hefte (NG|FH), Heft 3. http://www.frankfurter-hefte.de/Archiv/2011/Heft_03/artikel-maerz-eppler.html. Zugegriffen: 4. 2017.
Feldbacher, D. (2016). *Implementierung der C2C Prinzipien in den Designprozess*. Masterarbeit, Studiengang Design und Produktmanagement, Fachhochschule Salzburg.
Fichter, K. (2009). Innovation communities: The role of networks of promoters in open innovation. *R&D Management, 39*(4), 357–371.
Gibson, I., Rosen, D., & Stucker, B. (2010). *Additive manufacturing technologies*. New York: Springer.
Goldstein, D., Johnson, E., Herrmann, A., & Heitmann, M. (2008). *Nudge your customers toward better choices*. Boston: Harvard Business Review.
Gruel, W. (2017). Customized mobilty builds on access, not ownership. In F. Piller & D. Walcher (Hrsg.), *Leading mass customization and personalization – How to profit from service and product customization in e-commerce and beyond* (S. 143–150). München: Think Consult Publishing.
Grunwald, A., & Kopfmüller, J. (2012). *Nachhaltigkeit* (2. Aufl.). Frankfurt a. M.: Campus.
Hansen, E., & Schmitt, J. (2016). Circular Economy: Potenziale für Produkt- und Geschäftsmodellinnovation heben; UC Journal (Umwelttechnik Cluster). *Magazin für Umwelttechnik und Kooperation, Ausgabe, 2*, 8–10.
Hardin, G. (1968). The tragedy of the commons. *Science, Dec, 162*(3859), 1243–1248.
Hippel, E. von, & Katz, R. (2002). Shifting innovation to users via toolkits. *Management Science, 48*(7), 821–833.
Howe, J. (2008). *Crowdsourcing: Why the power of the crowd is driving the future of business*. New York: Crown Business.
Ihl, C., & Piller, F. (2010). Von Kundenorientierung zu Customer Co-Creation im Innovationsprozess. *Marketing Review St Gallen, 27*(4), 8–13.

Kagermann, H., Lukas, W., & Wahlster, W. (2011). *Industrie 4.0: Mit dem Internet der Dinge auf dem Weg zur 4. industriellen Revolution*. VDI-Nachrichten, April.

Kleindorfer, P., Singhal, K., & Wassenhove, L. van. (2005). Sustainable operations management. *Production and operations management, 14*(4), 482–492.

Kollmuss, A., & Agyeman, J. (2002). Mind the gap: Why do people act environmentally and what are the barriers to pro-environmental behavior. *Environmental Education Research, 8*(3), 239–260. (Published online: 01 Jul 2010).

Kortmann, S., & Piller, F. (2016). Open business models and closed-loop value chains: Redefining the firm-consumer relationship. *California Management Review, 58*(3), 88–108.

Kreibich, R., Atmatzidis, E., & Behrendt, S. (1996). *Wirtschaften in Kreisläufen – Ökologisches Produktmanagement*. Weinheim: Beltz.

Lauk, C. (2005). *Sozial-Ökologische Charakteristika von Agrarsystemen. Ein globaler Überblick und Vergleich*. Institute of Social Ecology, Working Paper 78, Wien.

Lee, G. K., & Cole, R. E. (2003). From a firm-based to a community-based model of knowledge creation: The case of the Linux Kernel development. *Organization Science, 14*(6), 633–649.

LeRoux, S. (2015). The intangible economy: FabLabs "individualised production of objects" A stage in liberating the function of innovation. *Journal of Innovation Economics & Management, 2*(17), 99–116.

Lonzano, R. (2007). Collaboration as a pathway for sustainability. *Sustainable Development, 15*(6), 370–381.

Manzini, E. (2015). *Design, when everybody designs: An introduction to design for social innovation*. Cambridge: The MIT-Press.

Margulis, L., & Schwartz, K. (1989). *Die fünf Reiche der Organismen Gebundene Ausgabe*. Wiesbaden: Spektrum Akademischer Verlag.

Möslein, K. (2013). Open innovation: Actors, tools and tensions. In A. Huff, K. Möslein, & R. Reichwald (Hrsg.), *Leading open innovation* (S. 69–86). Cambridge: MIT Press & Boston.

Mühlenbeck, F., & Skibicki, K. (2008). *Community Marketing Management. Wie man Online-Communities im Internet-Zeitalter des Web 2.0 zum Erfolg führt* (2. Aufl.). Köln: Books ond Demand.

Naess, A. (2013). *Die Zukunft in unseren Händen: Eine tiefenökologische Philosophie*. Wuppertal: Peter Hammer Verlag.

Osterwalder, A., & Pigneur, Y. (2011). *Business Model Generation: Ein Handbuch für Visionäre, Spielveränderer und Herausforderer Broschiert*. Frankfurt a. M.: Campus.

Pauly, C., & Traufetter, G. (2016). Der Kreis ist heiß. *Der Spiegel, 4*, 38.

Pernick, R. (2008). *The clean tech revolution: Discover the top trends, technologies, and companies to watch*. New York: HarperCollins s Inc.

Pernick, R., & Wilder, C. (2007). *The clean tech revolution: The next big growth and investment opportunity*. New York: HarperBusiness.

Piller, F., & Walcher, D. (2006). Toolkits for idea competitions: A novel method to integrate users in new product development. *Journal of R&D Management, 36*(3), 307–318.

Piller, F., & Walcher, D. (2017). *Leading mass customization and personalization – How to profit from service and product customization in e-commerce and beyond.* München: Think Consult Publishing.

Prahalad, C., & Ramaswamy, V. (2004). Co-Creation experiences: The next practice in value creation. *Journal of Interactive Marketing, 18*(3), 5–14.

Prentiss, K. (1958). Planned Obsolescence; Interview, True Magazine.

Ramaswamy, R. (1996). *Design and management of service processes: Keeping customers for life.* New York: Addison-Wesley Publishing.

Reichwald, R., & Piller, F. (2009). *Interaktive Wertschöpfung: Open Innovation, Individualisierung und neue Formen der Arbeitsteilung* (2. Aufl.). Wiesbaden: Gabler.

Reuß, J., & Dannoritzer, C. (2013). *Kaufen für die Müllhalde: Das Prinzip der Geplanten Obsoleszenz.* Berlin: Orange-press.

Rifkin, J. (2016). *Die Null-Grenzkosten-Gesellschaft: Das Internet der Dinge, kollaboratives Gemeingut und der Rückzug des Kapitalismus.* Frankfurt a. M.: Fischer.

Sawhney, M., & Prandelli, E. (2000). Communities of creation: Managing distributed innovation in turbulent markets. *California Management Review, 42*(4), 24–54.

Schubert, C. (2016): *Green Nudges: Do They Work? Are They Ethical? Working Paper, University of Kassel.* https://ssrn.com/abstract=2729899.

Schultmann, F. (2003). *Stoffstrombasiertes Produktionsmanagement: Betriebswirtschaftliche Planung und Steuerung industrieller Kreislaufwirtschaftssysteme.* Berlin: Schmidt.

Solomon, M. (2016). *Konsumentenverhalten.* London: Pearson Studium.

Sondermann, J., & Kamiske, G. (2013). *Poka Yoke.* München: Carl Hanser.

Stefanides, J., Herrmann, A., Landwehr, J., & Heitmann, M. (2011). Entscheidungsverhalten von Kunden in Mass Customization-Systemen. *ZfB-Zeitschrift für Betriebswirtschaft, 81*(2), 7–30.

Stuchney, M. (2016). *Circular Economy: Werte schöpfen, Kreisläufe schließen.* Berlin: McKinsey Center for Business and Environment.

Sunstein, C., & Thaler, R. (2009). *Nudge: Improving Decisions About Health, Wealth and Happiness.* London: Penguin.

Tröger, N., Wieser, H., & Hübner, R. (2015). *Die Nutzungsdauer und Obsoleszenz von Gebrauchsgütern im Zeitalter der Beschleunigung.* Wien: Arbeiterkammer (AK) Österreich.

Vargo, S., & Lusch, R. (2004). Evolving to a New Dominant Logic for Marketing. *Journal of Marketing, 68*(1), 1–17.

Walcher, D. (2012). *Der Ideenwettbewerb als Methode der aktiven Kundenintegration: Theorie, empirische Analyse und Implikationen für den Innovationsprozess.* Wiesbaden: Deutscher Universitätsverlag.

Walcher, D., Ihl, C., & Gugenberger, M. (2010). *Introducing Sustainable New Products.* Proceedings of American Marketing Association (AMA) Summer Conference, Boston.

Walcher, D., Leube, M., & Blazek, P. (2016). Gender Differences in Online Mass Customization: An Empirical Consumer Study Which Considers Gift-Giving. *International Journal of Industrial Engineering and Management, 7*(4), 153–158.

Walcher, D., & Piller, F. (2012). *The Customization 500 – An international benchmark study on Mass Customization and Personalization in Consumer E-Commerce.* Raleigh: Lulu Press.

Walcher, D., & Piller, F. (2016). Mass Customization. In M. Stumpf (Hrsg.), *Die 10 wichtigsten Zukunftsthemen im Marketing*. Freiburg: Haufe Verlag.

Wilke, B., Wilke, C., & Walter, J. (1994). *Konstruktion recyclinggerechter Produkte. Umweltwirtschaftsforum (UWF)*, 2(2/5), 23–41.

Williams, A., & Tapscott, D. (2008). *Wikinomics: How mass collaboration changes everything*. Bloomsbury: Atlantic Books.

Yang, C., & Sung, T. (2016). Service innovation for social innovation through participatory action re-search. *International Journal of Design*, 10(1), 21–36.

Zotz, P., & Walcher, D. (2016). *Decision Making in Design Context – Reflections on Nudge Concept and Gamification*. Working Paper, DE | RE | SA, Design Research Salzburg.

Lesen Sie hier weiter

Frank Piller, Kathrin Möslein,
Christoph Ihl, Ralf Reichwald

**Interaktive Wertschöpfung
kompakt**
Open Innovation, Individualisierung
und neue Formen der Arbeitsteilung

2017. VII, S. 126, 8 Abb.
Softcover: € 19,99
ISBN: 978-3-658-17513-9

Änderungen vorbehalten.
Erhältlich im Buchhandel oder beim Verlag.

Einfach portofrei bestellen:
leserservice@springer.com
tel +49 (0)6221 345-4301
springer.com

Springer Gabler

Printed in Germany
by Amazon Distribution
GmbH, Leipzig